illustrirtes Thierleben

Dr. Mark Benecke

Kat Menschiks & des Diplombiologen Doctor Rerum Medicinalium Mark Beneckes illustrirtes Thierleben

Galiani Berlin

Inhalt

All we have to decide is what to do with the time that is given us.
Gandalf

Barks' Thierleben

Rätselhaft und unwirklich sind die Lebewesen in den Berichten des nordamerikanischen Zeichners Carl Barks. Er wurde fast hundert Jahre alt, sein Werk steht mittlerweile bei den Klassikern der Weltliteratur.*

Carl Barks ist der bekannteste Zeichner und Autor von Donald-Duck-Geschichten. Schon als Kinder sahen viele, dass einige der Mitteilungen aus Entenhausen anders gezeichnet waren als die anderen – sie stammten von einem »guten Zeichner«. Barks ist aber nicht nur berühmt, weil er so gut getextet und gezeichnet, sondern auch weil er die Panzerknacker erfunden hat, den Erfinder Daniel Düsentrieb, den Geizhals Dagobert Duck sowie Donald Ducks Neffen Tick, Trick und Track, deren Heimat Entenhausen und obendrauf noch Oma Duck. Die deutschen Namen stammen natürlich nicht von Barks, der nur Amerikanisch sprach, sondern von Doktor Erika Fuchs. Sie war durch Zufall Übersetzerin geworden

---

* Zumindest in der Zentralbibliothek Köln, der ich meine Sammlung vermacht habe.

und hatte ursprünglich in Lausanne, München und London Kunstgeschichte, Archäologie und mittelalterliche Geschichte studiert. Sehr gebildet! Da sie aber zugleich etwas kurzsichtig war und ihrem Ehemann nach Hintertupfingen aka Schwarzenbach an der Saale folgte, brauchte sie dort einen passenden Job. Das Ergebnis: Fast vierzig Jahre lang war Dr. Fuchs von Oberfranken aus Chefredakteurin der Zeitschrift *Micky Maus* und übersetzte eine Welt voller Disney-Geschichten ins Deutsche.

Aus den kindlichen Leserinnen und Lesern der Comics wurden wissenschaftlich interessierte Erwachsene. Da es schöner ist, gemeinsam zu forschen, formten sie im Jahr 1977 die *Deutsche Organisation Nichtkommerzieller Anhängerinnen und Anhänger des lauteren Donaldismus*, abgekürzt D. O. N. A. L. D. Vier der naturwissenschaftlich gebildeten Kollegen – paTrick Martin, Peter Jacobsen, Oliver Martin und Klaus Harms – stellten fünfunddreißig Jahre später im Namen des mittlerweile eingetragenen donaldistischen Vereins für eine Ausstellung im Naturkundemuseum Bamberg die Tiere zusammen, die sich im Barks'schen Entenhausen tummeln. Als da wären der Pfeilnäsige Erdfloh *(Gammus diptherocus)*, der Grüne Gurkenwurm *(Ciller gurcae)*, der Fettgoldfisch *(Carassius auratus lipoides)*, schlaflose Drachen *(Insomnodracones dubiosos)*, der Zählende Papagei *(Psittacus comptator)* sowie das Zwerg-Dromedar *(Camelus Entenhausensis microscopicus)*. Und sehr viele mehr. Die lateinischen Art-Namen der Entenhausener Thiere sind ordentlich und nach den klassisch-biologischen Regeln vergeben. Teils stammen sie von Barks, teils von Fuchs, teils von den vier neuzeitlichen Autoren von *Barks' Thierleben*. Den Band gibt es übrigens auch als Sonderausgabe der Fachzeitschrift *Der Donaldist* zu kaufen.

Die Lebewesen in *Barks' Thierleben* sind sauber nach biologischen Über- und Untergruppen sortiert. Dazu ein Beispiel: Vom Stamm der Chorda-Tiere, also solchen mit einem inneren Achsen-Skelett, geht es zu den dazugehörigen Wirbeltieren *(Vertebrata)* in die übergeordnete Klasse der Vögel *(Aves)*

DONALD!
KRAH
PLOCK
1234567
LEUCHT
PIEP
PICK!
POCK
GACK
GACK
ME-E-ECK!
MEH!
MEH!
WIEP
WIEP
SSFZT!
ARGH
KRKRKRI
ZISCH.

hin zu den *Falconiformen,* das sind Greifvögel, in die darunter angesiedelten Gruppe der ***Cathartiden***, zu Deutsch Neuwelt-Geier, um dann trennscharf bei der eigentlichen Art, den Streit-Geiern, zu enden. So herrscht Ordnung, wenn den Comic-Leserinnen und -Lesern die Stellung der »Thiere« im Netz des Lebens unklar sein sollte. Ich habe immer ein Exemplar von ***Barks' Thierleben*** fein gebunden und griffbereit neben meinem Bett stehen.

Zwei besonders knuffige Thiere aus Entenhausen sind – Sie ahnen es angesichts meiner Vorlieben, die sich auch im vorliegenden Buch spiegeln – Papageien (vgl. Seite 20). Lore aus Singapore ist gemäß den Autoren des ***Thierleben*** »eigentlich eine neointelligente Spezies und daher nur bedingt als Tier einzustufen. Sie besitzt einen wuchtigen, zu ausgeprägter Mimik befähigten Schnabel. Ihre Flügel sind stummelförmig; sie macht von ihnen keinen Gebrauch als Flug- oder Greiforgan. Ob die Art flugfähig ist, darf bezweifelt werden. Die Hinterextremitäten sind tridaktyl, wobei zwei Zehen nach vorn und eine nach hinten gerichtet sind (bei irdischen Papageien sind sie tetradaktyl, je zwei Zehen sind nach vorn und hinten gerichtet). Die hintere Zehe ist wenig ausgeprägt, dafür aber bedornt. Die Füße sind als Lauf- und Greiffüße eingerichtet.

Das Tier ist zur Sprache befähigt und kann (im Gegensatz zu irdischen Papageien) recht vernünftig reden. Bekannt ist nur ein einziges (weibliches?) Exemplar (›Lore aus Singapore‹), das sich einen Ruf als ›Schrecken von Hinterindien‹ erworben hat. Es weist eine ausgeprägte Seefahrer-Mentalität auf. [So lautet Lores Kommentar zu Frau Bergassessor Müller beispielsweise: »Hat ein Gesicht wie ein Kombüsen-Schlot!«, und zu Daisy Duck: »Hallo, alte Dampfbarkasse! Halt doch dein Vollmondgesicht über die Reling, dann lachen sich die Fische kaputt!« – M. B.] und kam auf dem Seeweg nach Entenhausen, ist dort also nur kurzzeitig heimisch gewesen. Der Eigenname ›Lore aus Singapore‹ deutet auf eine natürliche Verbreitung im Bereich der malaiischen Halbinsel ***Stella Anatiums*** [das ist Entenhausen, M. B.] hin.

Möglicherweise ist die natürliche Entwicklung von Neointelligenz bei dieser Papageienart auf ihre Flugunfähigkeit zurückzuführen. Nur durch eine hohe Intelligenz ist es nämlich einem flugunfähigen Vogel von Papageien-Größe überhaupt möglich, seinen Feinden zu entkommen und ein einigermaßen geregeltes Leben zu führen. Trotzdem scheint die Art recht selten zu sein.«

Der Zählende Papagei *(Psittacus comptator)* hingegen »ähnelt vom äußeren Erscheinungsbild her dem Singapore-Papagei, hat aber im Unterschied zu diesem einen aufrichtbaren Federschopf auf dem Kopf. Die Aufrichtung dieses Schopfes ist eindeutig emotionsgesteuert und drückt (neben der auch vorhandenen Mimik) die Gefühle des Tieres aus. Auffällig ist der Geschlechtsdimorphismus: Während die männlichen Tiere sehr lange, prächtige Schwanzfedern haben, verfügen die weiblichen Exemplare nur über einen sehr kurzen Federschwanz.

Der Zählende Papagei trägt seinen Namen wegen der Eigenart, Gegenstände oder Lebewesen zwanghaft zu zählen. Welchen evolutionären Vorteil ein solches Verhalten bringt, ist bisher ungeklärt. Da diese Eigenart nicht bei allen bisher beobachteten Exemplaren aufgetreten ist, handelt es sich womöglich um ein manisch-krankhaftes Verhalten, das durch Zivilisationseinflüsse hervorgerufen wird.«

Aus der Familie der Hopfe *(Upupidae)* möchte ich den Ostsibirischen Korjakenknacker, auch Östliche Korinthenkrähe, erwähnen. Sein Gesang hört sich nicht wie die bekannten Rufe von irdischen Kohlmeisen (»zizibäh zizibäh«) oder Ringeltauben (»gu-guu-gu«) an, sondern lautet verschriftlicht »Grrkztrrtschrwzkaja« [sic!]. Sprechen Sie es ruhig nach! Mir gefällt das, weil viele Menschen aus Osteuropa diesen vorwiegend konsonantischen Zungenbrecher ganz einfach aussprechen, während er unsereins nicht durch die Lippen, geschweige denn von der Zunge kommt. Lustig ist der Erika Fuchs'sche Korjackenknacker-Vogelruf auch, weil die in der Vogelkunde verwendeten, eingedeutschten Lautnachmalungen des Vogelgesanges auch außerhalb Entenhausens bizarr sind: Die Rohrdommel macht ein raues »aark«, als Gesang aber ein leises und doch weithin hörbares, tiefes »ü-hump« [sic!]. Die Brandseeschwalbe ruft »kier-ik« oder »kärr-ink« und der Pirol – noch einmal, ganz offiziell vogelkundlich – »düdilio«. Entenhausen ist überall.

Mein Barks'scher *Thier*-Superstar ist und bleibt der Indische Plaudervogel *(Cracula papperlapappa)*. Er stammt aus der Gruppe der Stare (vgl. Seite 121). Das schöne und neu-intelligente Fabeltier spannt gerne andere Tiere, etwa Ziegen und Gorillas, für seine eigenen Zwecke ein. Am liebsten isst der Plaudervogel Pflaumen. Das ist nicht harmlos, denn die fruchtige Leibspeise löst bei *Cracula* Größenwahn aus. Der Plaudervogel weiß dann nicht mehr, was er oder sie Verrücktes anstellt. So verwickelte ein Plaudervogel im Wahn Donald Duck in einen Kampf mit Adlern, der – vermenschlichte Ente gegen Adler – für das anatide Wesen nicht zu gewinnen war. Nach dem ungleichen Kampf, angezettelt vom pflaumenbeseelten Plaudervogel, muss Donald in eine Gesundungs-Anstalt, wo ihm nachlässigerweise ausgerechnet Pflaumen zur Genesung serviert werden. Der Rest ist Geschichte.

Möpse

Weil sie das Sinnbild für Vermenschlichung, aber auch der Qualzucht sind – die durch die letzten zwei Jahrzehnte schnaufenden Französischen Bulldoggen sind das bekannteste Beispiel –, wollen wir einfach den Forschungsreisenden und Zoologen Alfred Brehm über Möpse sprechen lassen. Er war schon vor zweihundert Jahren überzeugt, dass die damals noch sogenannten »Thiere« denken und fühlen können.

Brehms Einstellung zu Hunden und anderen Tieren schwankte allerdings und grenzte manchmal an Hassliebe. Neben Krokodilen (»rücksichtslos und dumm«), dem Schaf (»einfältig, willenlos, furchtsam, höchst langweilig; einen Charakter hat es nicht«) und Kamelen (»unschön; abscheuliche Stimme; blöde Augen, hässliche Lefzen«) entfachten auch die Möpse in Brehm ein haushoch loderndes Feuer. Das lag vermutlich daran, dass er zeitweise einen Löwen als Haustier hielt, gefährliche Forschungsreisen überlebt hatte – Trinkwasser war »im Ausland« die Erkrankungsquelle Nummer eins – und verzärtelten Geschöpfen samt ihren Besitzerinnen und Besitzern misstraute. Staunen Sie im Folgenden über das Umschlagen seiner aufgeräumten Stimmung, sobald sich der Mops nähert:

»Der Hundeleib«, so Brehm zunächst über alle Haushunde, »ist für die Zeichnung und Ausstopfung schon zu geistig. Seine Seele ist unleugbar so vollkommen, wie die eines Säugetieres sein kann. Von keinem Tiere können wir so oft sagen, daß ihm vom Menschen nichts mehr als die Sprache mangelt, von keinem Säugetiere haben wir so viele Darstellungen aller Abänderungen, von keinem so eine außerordentliche Menge von Erzählungen, die uns seinen Anstand, sein Gedächtnis, seine Erinnerungskraft, sein Schließungsvermögen, seine Einbildungskraft oder sogar sittliche Eigenschaften, als da sind: Treue, Anhänglichkeit, Dankbarkeit, Wachsamkeit, Liebe zum Herrn, Geduld im Umgange mit Menschenkindern, Wut und Todeshass gegen die Feinde seines Herrn usw., kundtun sollen, weswegen kein Tier so oft als er dem Menschen als Muster vorgestellt wird.

Er tanzt, er trommelt, er geht auf dem Seile, er steht Wache, er erstürmt und verteidigt Festungen, er schießt Pistolen los; er dreht den Bratspieß, zieht den Wagen; er kennt die Noten, die Zahlen, Karten, Buchstaben; er holt dem Menschen die Mütze vom Kopfe, bringt Pantoffeln und versucht Stiefel und Schuhe wie ein Knecht auszuziehen; er versteht die Augen- und Mienensprache und noch gar vieles andere.

Gerade seine Verderbtheit, gerade seine List, sein Neid, Zorn, Haß, Geiz, seine Falschheit, Zanksucht, Geschicklichkeit, sein Leichtsinn, seine Neigung zum Stehlen, seine Fähigkeit, aller Welt freundlich zu sein, usw. bringen ihm den gewöhnlichen Menschen nahe. Würmer, Käfer und Fische lobt und tadelt man nicht, aber den Hund!

Man denkt, es lohne sich der Mühe, ihn zu strafen und zu belohnen. Man gebraucht in Urteilen über ihn gerade die Ausdrücke, die man von dem Menschen braucht. Man macht ihn wegen seiner geistigen und sittlichen Vorzüge zum Reise- und Hausgenossen, zum Lebensgefährten und lieben Freunde; man lohnt ihm seine Liebe und Anhänglichkeit durch Anhänglichkeit und Liebe; man macht ihn zum Tischgenossen, man räumt ihm wohl gar eine Stelle im Bette ein; man kost ihn, pflegt ihn sorgfältig, gibt ihn an den Arzt, wenn er leidend

ist, trauert mit ihm, um ihn und weint, wenn er gestorben; man setzt ihm ein Denkmal.

Das Zerrbild der Hunde ist, wenn ich so sagen kann, der Mops *(Canis familiaris molossus fricator)*, eigentlich der Bullenbeißer im Kleinen, mit ganz eigentümlich abgestumpfter Schnauze und schraubenförmig gerolltem Schwanze. Sein gedrungener, kräftiger Bau und das misstrauische, mürrische Wesen machen ihn den Bulldoggen außerordentlich ähnlich. Der Mops ist dumm, langsam, phlegmatisch.

Früher sehr verbreitet, ist er gegenwärtig fast ausgestorben, zum Beweise dafür, daß Rassen entstehen und vergehen. Heutzutage soll das Tier besonders in Russland noch in ziemlicher Anzahl vorkommen; in Deutschland wird es nur hier und da gezüchtet und dürfte schwerlich wieder zu allgemeinem Ansehen gelangen; denn auch hinsichtlich dieses Hundes hat sich der Geschmack gebessert.

Der Mops war der echte Altejungfernhund und ein treues Spiegelbild solcher Frauenzimmer, bei denen die Bezeichnung ›Alte Jungfer‹ als Schmähwort gilt, launenhaft, unartig, verzärtelt und verhätschelt im höchsten Grade, jedem vernünftigen Menschen ein Greuel. Die Welt wird also nichts verlieren, wenn dieses abscheuliche Tier samt seiner Nachkommenschaft den Weg allen Fleisches geht.«

Dass Möpse eigentlich ganz lebendige Gesellen wären, wenn sie denn besser atmen könnten, erfahren Menschen, die mit Mops-Rückzüchtungen mit wieder längerer Schnauze, also Nase, zusammenleben. Diese sogenannten Retromöpse haben längere Beine und mehr Platz im und am Schädel, um ordentlich durchzuschnaufen. In den Niederlanden ist seit dem Sommer 2019 wegen der putzig daherkommenden Tierquälerei die Zucht aller Hunde verboten, bei denen die Nasenlänge weniger als ein Drittel des Kopfes ausmacht. Zudem müssen die Tiere einen Fitness-Test bestehen. Andernfalls dürfen sie nicht weitergezüchtet werden. Recht so!

Während die von Brehm geschmähten Möpse mittlerweile tatsächlich seltener zu sehen sind, wurden Französische Bulldoggen, wie angedeutet, ihre Nachfolger als »Jungfernhunde«. Die Tiere sind verspielt und kuschelbedürftig, freundlich, geduldig, verschmust, liebevoll, anhänglich und treu. So kommt es, dass French Bulldogs öfter mal als Generalprobe für bald erscheinende, eigene Kinder oder bei Alleinstehenden gleich ganz als Familien-Ersatz dienen. Der Wunsch nach Begleitung und Liebe ist eben stärker als thierkundliche Schmähungen und Qualzucht.

Alexandersittiche

Laut, verschwenderisch, lebenslustig, die Parks naschend durchstreifend und in Höhlen brütend – das sind passende Bewohner des wilden, verschwenderischen und völlig bekloppten Kölns. Die Rede ist von Alexandersittichen, die selten alleine und meist in Schwärmen durch die Stadt rasen. Nichts wirklich Neues, denn schon im 14. Jahrhundert zitiert der Weltgeistliche (als Seelsorger) Konrad von Megeberg seinerseits Aristoteles in seinem *Buch der Natur* mit der Feststellung, »dass der Alexandersittich gerne Wein trinke und ein sehr unkeuscher Vogel« sei. »Der Wein«, so erklärt der Priester dazu, »ist Ursache der Unkeuschheit. Aristoteles sagt, dass der Vogel, wenn er vom Wein trunken ist, gerne Jungfrauen ansehe und sich an ihrem Anblick erfreue.« Wie gesagt, ein echt kölsches Gewächs, dieser Sittich.

Ursprünglich lebten die grünen Edelpapageien in Afrika, Indien und Asien. Halsbandsittiche und Alexandersittiche, die ich hier wegen ihrer nahen Verwandtschaft zusammenwerfe, waren dort schon lange in Käfigen gehalten worden. »Es gibt zahlreiche literarische und Bild-Belege aus der Antike und aus dem byzantinischen Einflussgebiet«, berichtet mein tierkundlicher Kollege Ragnar Kinzelbach von der Universität Rostock. »Seit dem Feldzug Alexanders des Großen vom Frühjahr 334 bis März 324 vor unserer Zeitrechnung kamen Halsbandsittiche aus dem nördlichen Indien und dem Sudan vor allem nach Alexandria und Rom. Die Verteilung der Unterarten der Sittiche zeigt dasselbe Muster wie die ebenfalls mit und durch Menschen verbreiteten Lach- und Türkentauben. Im Mittelalter tauchte der Halsbandsittich regelmäßig als ›der Papagei‹ in Büchern über alle möglichen interessanten Wesen auf.«

Verarbeitete Halsbandsittich-Häute wurden als Kopfschmuck getragen, und der Name der Tiere wurde sogar als schicker Personenname gewählt: Man hieß dann offiziell »Sittich« und verwendete das Bild des Vogels in Wappenbildern. Das erstaunte mich, denn auch ich verwende ein solches Wappen-Bild mit Alexandersittich als jahreszeitlich angepassten Anhang unter E-Mails: Mal sitzt mein Sittich auf einem beschneiten, mal auf einem erblühten Birnbaum mit Früchten. Den habe ich der Stadt Köln und ihren Bürgerinnen und Bürgern neben allerlei weiteren Bäumen gespendet; bisher fanden die Alexandervögel aber noch keinen Gefallen an ihm. Kat Menschik hat daraus das Frontispiz dieses Buches gestaltet.

Die Liebe zum Halsbandsittich als Haustier beziehungsweise Kopfschmuck dauerte bis ins 16. Jahrhundert. »Danach«, so Kollege Kinzelbach, »traten nach der Einfuhr amerikanischer Papageien durch Kolumbus auch alle anderen jeweils verfügbaren Papageien-Arten auf Altarbildern, besonders zusammen mit dem Jesuskind, auf.« Zur zeitlichen Einordnung: Die heute bekannten Wellensittiche kamen erst dreihundert Jahre später, Mitte des 19. Jahrhunderts, nach Deutschland. Erst 1851 wurde ein Wellensittich in Nürnberg hergerichtet und zum Ausstellen – tot – haltbar gemacht.

Alexandersittiche, die heute zu Tausenden frei im Rheinland und bis nach Mannheim, Wiesbaden und Heidelberg leben, sind also die ursprünglichen und eigentlichen »bunten Vögel«. Die knallbunten Ara-Papageien, wie wir sie auf der

Stange sitzend noch in meiner Kindheit als Gefährten einsamer Menschen kannten oder auf der Schulter von Piraten und Seebären im Comic, kamen erst später.

In Köln wurden frei lebende Alexandersittiche erstmals Ende der 1960er Jahre gesichtet. Sie tauchten nahe und auf dem Gelände des Zoologischen Gartens auf. »Ein neuseeländischer Pfleger«, fand meine Kollegin Ulrike Ernst in den 1990er Jahren heraus, »hatte 1967 sechs Alexandersittiche gezähmt und im Kölner Zoo frei fliegen lassen. Sie kehrten nur zur Fütterung in den offenen Käftig zurück.«

Bis dahin hatte die Besiedlung Kölns durch den Alexandersittich ziemliche Umwege genommen. Die ersten Tiere waren zwischen 1901 und 1908 aus dem Zoo von Gizeh in Ägypten geflohen. Sie kamen dann aber nicht vom heißen Süden her ins warme Rheinland, sondern wanderten aus dem Norden dorthin ein – warum auch immer. Vermutlich hatten Seeleute die grasgrünen Gesellen als Souvenir aus der tropischen Ferne in englische Hafenstädte mitgebracht.

Das passt mit der Verbreitung der Alexandersittiche in Europa zusammen – die nämlich zunächst an britischen Küstenstreifen siedelten. 1885 brüteten erste Alexandersittich-Paare frei lebend in Northrepps, einem Dorf in Norfolk an der englischen Ostküste. Ab 1930 sah man die Vögel etwas weiter südlich Richtung London, nämlich in Essex und Northamptonshire. Nachdem ein vorübergehendes Einfuhrverbot für Papageien auf die Britischen Inseln wieder aufgehoben worden war, brüteten sie ab 1969 in Southfleet in Kent und damit schon näher an Frankreich und Deutschland. 1973 schafften es die frei lebenden Tiere nach Greater London, sowie bis 1980 eine zweite Sittich-Gruppe nach Liverpool – genauer gesagt nach Merseyside –, und teilbesiedelte damit nun neben dem Westen auch die Ostküste Englands. Von da aus ging es für die Tiere ans südliche Ende Englands in die Küstenstadt Weymouth. Weitere Gruppen der grünen Gaukelvögel hatten derweil schon nach Belgien und in die Niederlande rüberge-

macht. 1975 sah und hörte man sie dann erstmals im rheinischen Brühl im Schlosspark umherfliegen und -schreien. Wenige Jahre später, ab den 1980er Jahren, hatten sie ihr Plätzchen in Innsbruck, im schönen Tirol, gefunden. Vor ein paar Jahren habe ich sie in Rom vor dem Kapuziner-Gewölbe, das mit Menschenknochen kunstvoll ausgestaltet ist, in den Bäumen herumkraxeln sehen.

Da Alexandersittiche zwar auf Kurzstrecke verdammt schnell sind, aber keine langen Flüge bewältigen, müssen die aus England aufs europäische Festland und nach Deutschland eingewanderten Neubewohner sogenannte »Gefangenschaftsflüchtlinge« gewesen sein. Ihre Besitzerinnen und Besitzer, beispielsweise die schon genannten Seeleute, dürften die Tiere allerdings gerne aus der Gefangenschaft des Käfigs oder aus der Wohnung »fliehen« gelassen haben. Denn die Federtiere nagen an wirklich allem, was nicht niet- und nagelfest ist. Sie können sich tagelang damit beschäftigen, Reißzwecken aus Holz zu ziehen oder alles, was weicher als Stein ist, zu zernagen. Das habe ich selbst beobachtet. Zudem brüten Alexandersittiche in Höhlen und suchen sich dazu, wenn man sie wie ich frei in einer Wohnung fliegen lässt, gerne Buchregale aus. Dort schieben sie den Lesestoff behelfsweise zur Seite und nach hinten, nagen die Buchrücken an und machen es sich in den entstandenen Hohlräumen gemütlich, um nicht zu sagen: wohnlich.

Wie erwähnt sind die Tiere laut. Ich liebe ihr fröhliches Schreien schon alleine deshalb, weil es für mich der Sound meiner Heimat Köln ist. Doch viele Menschen in Großstädten beschweren sich heute bereits über die Unterhaltung von Spatzen (tags) oder Nachtigallen (nachts) und fordern zu deren Vertreibung auf. Alexandersittich-Geschrei in Haus und Hof dürfte also noch viele Nerven mehr zermürbt und Käfigtürlein und Fenster wundersam geöffnet haben. Was unter Palmen oder auf hoher See außergewöhnlich und cool wirken mag, kann daheim Familie oder Nachbarn rasch erbittern. »Ihre Stimme«, meldet selbst das *Internationale Handbuch der*

Vögel, »ist laut, harsch und durchdringend, mit stark wechselndem Liedgut.« Da die Tiere alles benagen und pfeilschnell fliegen, können sie sich auch selbst aus ihren Käfigen befreit haben und durch geöffnete Fenster oder Gartenlauben entfleucht und in die Welt gekommen sein.

Heute gelten Alexandersittiche in Europa als typische Stadt-Bewohner. In Düsseldorf heißen sie nach der schnieken und baumbestandenen Königsallee (Kurzform: »Kö«), wo sie tagsüber oft anzutreffen sind, sogar »Kö-Papageien«. In Köln lebten sie in den 2010er Jahren in der Südstadt im Trude-Herr-Park, benannt nach der in Köln geborenen Volksschauspielerin, die um die Ecke des Parkes ihr eigenes Theater betrieb und heute in ihrer Geburtsstadt bestattet ist. Ich war bei Trude Herrs Trauerfeier in ihrem ehemaligen Theater, das heute ein Kino ist: Die Anwesenheit der wilden Vögel dort hätte ihr, die selber einer war, gefallen.*

Wie die meisten Kölnerinnen und Kölner verschwenden Alexandersittiche alles Mögliche, besonders ihr Futter. Das passt schon wieder, denn im katholisch gefärbten, rheinischen Karneval werfen die an den Umzügen (»Zööch«) teilnehmenden Jecken tonnenweise Süßigkeiten in die Menge: Schokolade, Bonbons, früher sogar das Duftwasser 4711. Mehr Verschwendung geht nicht.

Die Freude am Verschenken teilen Kölnerinnen und Kölner wirklich mit den Halsband- und Großen Alexandersittichen. Besonders, wenn die grünen Vögel verliebt sind, schenken sie sich gegenseitig Futter. »Das Männchen«, so Kollegin Ulrike Ernst, »beugt sich dabei von oben über die Partnerin, und die Schnäbel der beiden Sittiche werden kreuzweise ineinandergelegt. Das Männchen würgt Nahrungsbrei aus und

---

* Falls Sie Trude Herr nicht kennen, googeln Sie sie mal. Lohnt sich.

überträgt ihn in den Schnabel des Weibchens. Für kurze Zeit zieht nun das Männchen zurück, würgt neue Nahrung hervor, um sie dann kurz darauf erneut dem Weibchen zu übergeben. Nach Beendigung des Partnerfütterns kann eine Kopulation eintreten.« Dass auch dies sehr rheinisch ist, muss ich wohl nicht betonen.

Während das Füttern von Partnerinnen und Partnern auch bei menschlichen Tieren verbreitet ist – man denke an die aussterbende, bei Älteren aber noch weit verbreitete Sitte, dass Männer im Restaurant möglichst die Rechnung zahlen wollen und sollen –, geht die Nahrungsmittelverteilung bei den Sittichen weiter. Sie verstreuen die Nahrung nämlich auch in der Gegend. Dabei sind sie derartige Verschwender, dass die Alexandersittiche sogar als »Schlemmer und Schlamper« in Fachtexte über Papageien eingegangen sind. »Mit viel Geschick legen sie genau den Pflanzenteil frei, der von Interesse ist«, beobachtete Forscherin Ernst. »Alles andere wird verworfen. Sie lassen Früchte meist nach ein bis zwei Bissen fallen. So wird ein viel größerer Teil der Nahrung vernichtet als verzehrt.«

Unter Bäumen, die unsere grün gefiederten Günstlinge beknabbern, finden sich daher abgesehen von ihren Kotspuren auch massenhaft kaum benagte Nahrungsreste. »In Zeiten des Überflusses«, so Kollegin Ernst, »beißen die Sittiche sogar nur wenige Sekunden lang in eine Frucht und lassen sie dann fallen.«

Das finde ich lustig. Denn Alexandersittiche haben sich ausgerechnet entlang des alten römischen Straßennetzes verteilt, wo schmausende Lebenslust ihre Blüte erlebte. Krüge mit Fisch-Sauce, der damaligen Entsprechung unseres heutigen Ketchups (»passt zu allem«), gelangten deswegen hunderttausendfach an den Rhein. »Schiffsladungsweise wurden die Delikatessen in Amphoren angelandet«, so das Römisch-Germanische Museum. »Die Tonbehälter, die man als antike Einwegverpackungen bezeichnen kann, wurden später zerschlagen und entsorgt. Wein kam aus Kleinasien, Griechenland und Südfrankreich, Olivenöl bezog man aus Südspanien, Portugal und Tunesien, und *Garum*, die beliebte salzige Fischsauce, wurde aus Spanien, Portugal und Süditalien beschafft.«

Die sogenannte Appische Straße der Römerinnen und Römer führte in ihren Verlängerungen aus Italien über Rom und Innsbruck (Veldidena) auch nach Wiesbaden (Aquae Mattiacorum), Köln (Colonia Agrippina) und London (Lundinium): Allsamt Orte, an denen, wie damals Römerinnen und Römer, heute Sittiche verschwenderisch und vergnügt leben. »In Köln, der Hauptstadt der Provinz Niedergermaniens, fehlte es an nichts«, so noch einmal abschließend das Römisch-Germanische Museum.

Ob die übereinstimmenden Verbreitungs-Linien der verschwenderischen Vögel, Römerinnen und Römer Zufall sind oder nicht – das können Sie gerne selbst entscheiden. Mir gefällt die Idee. Schließlich bin ich von Herzen Kölner und verschwende als solcher mit Lust und Freude zwar keine Nahrung, dafür aber umso mehr mein geliebtes *4711*, das ich zum Leidwesen aller Freundinnen und Freunde weltweit versende und verschenke, von Kolumbien bis zu den Philippinen.

Pudel

Wir kennen Pudel heute, wenn überhaupt, nur noch als sogenannte Gesellschafts- und Begleithunde. So steht es auch in der Beschreibung der *Internationalen Vereinigung für das Hundewesen*. Ältere Menschen sagen außerdem zu jemandem, der niedergeschlagen durch die Gegend schleicht, dass er oder sie wirkt wie ein begossener Pudel. Die Redewendung entstand, weil Pudel ursprünglich weder Schoß- noch Familientiere waren, sondern Jagdhunde. Die schlauen Tiere sprangen ins Wasser, um ihren Besitzerinnen und Besitzern die angeschossenen Enten ans Ufer zu bringen. Das tropfnasse Pudelfell sah dann aus, als hätte man den Hund »begossen«, noch dazu, weil das Pudelfell kraus ist und daher viel Wasser aufsaugt.

Damit das Pudelfell nicht wasserschwer herabhing, aber als Wärmepuffer für Herz und Lunge der Hunde erhalten blieb, entwickelte sich die eigentümliche Frisur der Pudel. Vorder- und Hinterläufe wurden beispielsweise rasiert, Lenden, Knie und Fußgelenke blieben aber behaart, um diese Körperstellen vor Kälte zu schützen. Die heute sinnlose Quaste am Schweif diente als Ruder beziehungsweise Steuer. Durch die »Pudelschur« konnten die Tiere also leichter schwimmen, waren aber zugleich vor Auskühlung und Kanten halbwegs geschützt.

Das heute von Shih Tzus, den fröhlichen Schoßhunden einsamer Herzen, bekannte Haarschopf-Band, die »Kopf-Palme« oder in Hundefachenglisch der *top-knot*, verhinderte auch bei Pudeln früher, dass ihnen die am Kopf ungeschorenen Haare ins Gesicht beziehungsweise über die Augen fielen. Zudem konnten ihre Besitzerinnen und Besitzer anhand verschiedenfarbiger Kopfhaar-Bänder ihre Pudel im Jagd-Gewühl leichter auseinanderhalten. Als Weiterentwicklung entstand die englische Sattel- oder Löwenschur, die bis heute alle Hundefriseurinnen und -friseure beherrschen. Da Pudel nicht haaren, werden ihre wolligen, dicken und gekräuselten Haare immer länger und dichter. Pudel müssen also, auch ohne Frisurenwunsch, geschoren werden, damit sie nicht von einem immer felligeren, auf Menschenköpfen als »Afro« bekannten Haarberg, der bei Pudeln den ganzen Körper umschlösse, verhüllt werden.

Der Streit um die richtige Pudelfrisur – darunter der scheußliche *Continental Clip*, sodann die Puppy-, Mode- oder auch Teddyschur – hält bis heute an. Die offiziellen Verbands- und Wettbewerbs-Gebote bei Pudelschauen sind streng.

»An den Hinter- und an den Vordergliedmaßen darf das Haarkleid belassen werden, wenn folgende Vorbedingungen uneingeschränkt beachtet werden: Geschoren wird nur der untere Teil der Vordergliedmaßen, von den Krallen bis zur Kralle am Carpal-Ballen; der untere Teil der Hintergliedmaßen bis zu einer den Vordergliedmaßen entsprechenden Höhe«, heißt es dort. »Mit der Schermaschine dürfen nur die Zehen geschoren werden, Kopf und Rute gemäß den vorher genannten Vorschriften. In dieser Schur können ausnahmsweise zugelassen werden: ein kurzer Bart am Unterkiefer, der nicht stärker als 1 cm sein sollte; seine untere Linie wird parallel zum Kiefer geschoren. Die Bartform, ›de bouc‹ (Ziegenbart) genannt, ist nicht erlaubt. Der Pompon an der Rute kann weggelassen werden (dies verschlechtert aber den Bewertungspunkt ›Fellstruktur‹ ein wenig).«

So geht es seitenweise weiter. Bei Nichtbeachtung drohen Strafen: »Jede andere Schur, die den Vorgaben nicht entspricht, führt zur Disqualifikation.« Basta.

Über solch kleinkarierte Regeln könnten wir schmunzeln, wenn es nur um den Rausschmiss bei einem Schönheits-Wettbewerb für Hunde ginge. Doch leider führte der Kampf ums richtige Pudelfell auch in Gebiete, die wir heute lieber meiden. Sie werden gleich bemerken, dass es Hate Speech, Mobbing, Dissen und Schlimmeres schon immer gab.

»Meine Pudel und ich haben gemeinsam viel erlebt, aber auch vieles erlitten«, berichtet Hans Thum 1957 in seinen Lebenserinnerungen zur von ihm Mitte der 1930er Jahre erfundenen, damals neuen Pudelfrisur, dem »Karakul-Schnitt«. »Schon vor fünfundzwanzig Jahren erschienen in Hundezeitschriften Artikel mit der Überschrift: ›Die Thumschen Geschmacklosigkeiten‹. Man beschrieb da die verabscheuungswürdige Tat, den ›Karakul-Schnitt‹ entworfen, eingeführt und propagiert zu haben. Zuchtverbot für alle Pudel in meiner Schur und so weiter folgten. Der Leiter des damaligen Berliner Pudelzucht-Verbandes gab mir in öffentlicher Sitzung den Rat, nunmehr lieber ›Müllkutscher‹ zu werden, und der erste Vorsitzende des Hauptverbandes stellte sogar einen Antrag auf meine Unterbringung in einem Konzentrationslager.

Die [nationalsozialistische, M.B.] Fachschaft für Pudel verbot den Karakul-Schnitt und bezeichnete ihn als ›undeutsch‹. Alle nicht linientreu mit Röllchen und Jäckchen ausgerichteten Pudel galten als Bastarde, bekamen Zuchtverbot und in der letzten Notzeit des Krieges keine Futtermittelkarten.

Man hatte uns also beide angespuckt, nicht nur mich, sondern auch meine Pudel, und das Letztere nahm ich übel. Ich reagierte aber anders darauf, als man wohl erwartete, und propagierte alle Verbote, Verfolgungen und Bosheiten, die man nunmehr losgelassen hatte. Bald interessierten sich nicht

nur die Pudelfreunde, sondern auch die Besitzer anderer Rassen, sogar die breiteste Öffentlichkeit dafür. Die Jahre vergingen, auch die Pudelfreunde anderer Länder traten mit mir in Verbindung, und ich sandte ihnen Bilder und Schurbeschreibungen.

Das Jahr 1945 kam und befreite uns, jedenfalls den Pudel, denn der von mir endlich gegründete neue Pudelklub stellte den Pudel um seiner selbst willen in den Vordergrund, nicht seine Frisur.

Bereits im Jahre 1949 konnte ich die erste Pudel-Spezialausstellung in Berlin, im Zoologischen Garten, zeigen, auf welcher Pudel im modernen Karakul-Schnitt erstmalig gleichberechtigt mit denen im alten Standard-Schnitt ausgestellt und gerichtet [bewertet, M.B.] wurden. 148 Pudel in beiden Schurarten waren an diesem denkwürdigen 25. September 1949 in Berlin erschienen, eine Teilnehmerzahl, die niemals zuvor auf einer deutschen Pudelausstellung erreicht worden war.

Wir hatten beide durchgehalten, der Pudel und ich auch, und so erlebten wir gemeinsam die nun hintereinander abrollenden großen Erfolge der Ausstellungen in Hamburg, Berlin, Düsseldorf, Frankfurt, die alles bisher Gezeigte in den Schatten stellten. Am 2. Juni 1951 pilgerten Tausende von Menschen in die Stuttgarter ›Wilhelma‹ [Stuttgarter Zoologischer Garten, M.B.], Pudelfreunde, Hundefreunde aller Rassen und Tierfreunde überhaupt, nur um zuzusehen, wie die Pudel von mir in dem modernen ›Karakul-Schnitt‹ frisiert wurden.

Den Auftakt zu dieser Veranstaltung bildeten sechsunddreißig mit Pudeln besetzte, blumengeschmückte Wagen, die in langer Reihe durch die Hauptstraßen zum Treffpunkt fuhren. Auch der Rundfunk und die Wochenschau ließen es sich nicht nehmen, mit dabei zu sein. Die Pudelausstellung am nächsten Tage brachte achtzehntausend Menschen auf die Beine, die teilweise aus den entferntesten Teilen Deutschlands angereist kamen, oft unter großen persönlichen Opfern und Anstrengungen, nur um diesen Ehrentag ihrer Lieblinge mitzuerleben.«

Thum wurde Präsident des Internationalen Pudelzuchtverbandes und freute sich darüber, dass nicht nur Winston Churchill und Thomas Mann Pudel-Liebhaber gewesen waren, sondern der noch minderjährige Komponist Ludwig van Beethoven um 1787 herum sogar zum Tode seines Pudels die musikalische Totenklage »Elegie auf den Tod eines Pudels« in *mesto* (traurig, betrübt) nebst Gesang komponierte:

> *»Stirb immerhin, es welken ja so viele Freuden auf der Lebensbahn!*
> *Du warst so rein von aller Tück' und Fehle,*
> *als schwarz dein krauses Seidenhaar.*
> *Wie manchen Menschen kannt' ich,*
> *dessen Seele so schwarz als deine Außenseite war.«*

Thum druckte den vollständigen Text des Klagelieds auf Beethovens Hund nebst Noten später in seinem Pudelbuch ab, das nach der Ehrenwiederherstellung des Autors in den 1960er Jahren eine Auflage nach der anderen erlebte.

Auch Churchill besaß wie erwähnt einen Pudel. Für den britischen Staatenlenker war dieser Hund »das einzige Lebewesen, das keine lästigen Fragen stellt und Gehörtes nicht weitererzählt«.

Hans Thum sah im Zusammenleben mit seinem Pudel sogar einen »schicksalhaften Weg mit einem freundlichen, klugen und gutmütigen Wesen«. Das stimmte für ihn, denn sein Pudel hatte ihm im Krieg sein Leben gerettet. Zweimal war Thum im Zweiten Weltkrieg nur wegen seines Hundes in Luftschutzkeller gelangt, ohne die es nach dem Krieg wohl keine Karakul-Pudelfrisur gegeben hätte. Beim ersten Luftangriff wurde Thum wegen seines Hundes abgelehnt und in einen anderen Luftschutzkeller geschickt. Derjenige Bunker, in den Thum ursprünglich gewollt hatte, wurde beim Angriff von einem Volltreffer zerstört. Bei einem weiteren Bomber-Angriff hatte Thum seinen Pudel in eine Decke gewickelt auf dem Arm getragen. Er wurde nur deshalb in den schützenden

Raum gelassen, weil die Wärterin das Tier für sein »Kleinstkind« hielt. »Man gehorchte bereitwilligst und ließ mich mit meinem kranken Pudelkind vorbei«, berichtete Thum später. »Auf der Bank im Kellergewölbe sitzend, stellte ich mir das Gesicht der hilfsbereiten Dame vor, falls sie nun zu mir herankommen sollte, um mit dem Inhalt meines Steckkissens ein bisschen ›Du, Du, Du!‹ zu machen.«

Mit dieser märchenhaften Begebenheit, deren Schrecken wir heute kaum ermessen können, kommen wir zu einer ganz anderen Art von Pudeln, nämlich solchen, die mit Wölfen gekreuzt wurden.

Wolfspudel

Ich bin zu jung, um Pudelwölfe noch zu kennen. Mein Kollege, der Biologe Erik Zimen, züchtete sie ab Ende der 1960er Jahre in der Schweiz und dann in Deutschland. Die spannende Idee hinter seinem Versuch hat einen Abgrund. Den allerdings kenne, verstehe und erläutere ich gleich.

Konrad Lorenz, der berühmte Verhaltensforscher, war durch sein in Zimens Kindheit erschienenes Buch über Hunde mit dem Titel *So kam der Mensch auf den Hund* Vorbild unseres späteren Wolfspudelforschers geworden. Lorenz' allgemein verständliche Bücher verkauften sich ab 1950 jahrzehntelang in immer neuen Auflagen, unter anderem in Deutschland, als jedermann und -frau bekannte Taschenbücher. Zuletzt erschien Lorenz' Hundebuch neu aufgelegt im Jahr 2010.

In den 1960er Jahren versprach man sich von Hundekreuzungen mehr darüber zu erfahren, wie das Verhalten und der Charakter der gezüchteten Tiere sich verändern, zum Beispiel wenn man Wölfe mit Haushunden paart. Einer der Gründe für dieses Interesse war, dass Konrad Lorenz, der später einen Nobelpreis erhielt, im Zweiten Weltkrieg glaubte, dass »sozial minderwertiges Menschenmaterial« und – jetzt wird es interessant – die »Verhaustierung« von Menschen bekämpft werden müssten. Das war zwar fachlicher Unsinn, denn das Überleben besser an ihre Umwelt angepasster Tiere gegenüber weniger gut angepassten ist etwas anderes als der von Lorenz vermutete Unterschied zwischen »anständigen« im Vergleich zu weniger anständigen oder »verhaustierten« Menschen – so seine Worte. Niemand, das gab sogar Lorenz zu, wusste nämlich, was einen »anständigen« Menschen ausmacht. Trotzdem schauten viele Forscherinnen und Forscher auf vererbbare »Wesenzüge« und versuchten einzukreisen, was ein annehmbares und eben anständiges Wesen sei, was nicht und welche Rolle die Vererbung dabei spielte.

Das war ein glühend heißes Eisen. Schon während des Krieges, erst recht aber in den 1960er und 1970er Jahren, zerbrachen Freundschaften an der Frage, ob das Verhalten von Mensch und Tier eher durch Erziehung und die Einflüsse der Umwelt oder durch Vererbung festgelegt wird. In der Sowjetunion lehnte Staatsführer Josef Stalin den erblichen Einfluss auf Mensch, Pflanze und Tier ab. Er beschloss, dass nur Erziehung, gerne auch Umerziehung, die Persönlichkeit bestimmt, und verbot daher sogar die Vererbungslehre von Gregor Mendel. Der Direktor des Instituts für Genetik in Moskau – er wusste, dass die Mendel'schen Regeln leicht durch Pflanzen- und Tierzüchtungen beweisbar waren – wurde dafür sogar zum Tod verurteilt. In der westlichen Welt zerzankten sich zwei Generationen von Psychologinnen und Psychologen über dieselbe Frage nach Vererbung oder Erziehung als den entscheidenden Einfluss auf das menschliche und tierische Wesen.

Heute ist klar, dass unsere Persönlichkeit sowohl durch ererbte Möglichkeiten als auch durch deren Ausprägung entlang unserer Erlebnisse entsteht. In den 1960er Jahren war das aber nicht klar und klang bestenfalls total verschwurbelt. »Der Abbau der Instinkte, der starren Geleise, in denen ein großer Teil tierischen Verhaltens läuft«, schrieb Konrad Lorenz, »war die Voraussetzung für das Entstehen bestimmter menschlicher Freiheiten des Handelns. Auch beim Haustier bedingt der Zerfall etlicher angeborener Verhaltensweisen keine Verminderung der Fähigkeit zu einsichtigem Verhalten, sondern neue Grade der Freiheit.« Wo die sozusagen maschinenhafte Rückmeldung, also der Instinkt, nicht richtig klappt, tritt laut Lorenz und seinen Kollegen »der große Erzieher ›Erfahrung‹ ein«.

Das nebulöse Geschreibe zeigt: Es gab keine guten Experimente, dafür aber viel Wortgeklingel.

Auch Erik Zimen interessierte sich dafür, ob das vererbte Verhalten im Wesen eines Tieres durchschlägt oder nicht, und testete dies durch gründliche Versuche. Er kreuzte große Pudel, deren Verhalten gut untersucht war – die Tiere galten als klug, menschenbezogen und freundlich (vgl. Seite 28) –, mit teils anders gestrickten, nämlich menschenscheuen, also »wilden« Wölfen. Genauer gesagt verpaarte Zimen einen männlichen Königspudel-Rüden mit einer Wölfin. In seiner Doktorarbeit verglich der Forscher dann das Verhalten der entstandenen Wolfspudel sowie deren Kinder, das heißt der Enkel des Wolfs- und Pudel-Elternpaares.

Ein Welpe der ersten Wolfspudelgeneration blieb im Unterschied zu seinen Geschwistern sechs Wochen bei der Wolfsmutter. Die anderen zog Zimen selbst auf. Wie sich zeigte, war dieser eine Welpe nicht an den Menschen zu gewöhnen. Und zwar nicht, weil dieser bei der Wölfin aufgewachsene Wolfspudel zu »wild«, sondern weil er zu ängstlich war. »Er war derart scheu«, so Zimen über das Wolfspudelkind, »dass ich ihn schon aus Mitleid nach wenigen Tagen wieder der Mutter zurückbrachte. Er hatte nicht gefressen und war zum Spielball seiner Geschwister geworden. Wenn ich ihn anfasste, blieb er ganz steif vor Angst. Legte ich ihn dann auf den Boden, blieb er minutenlang in derselben steifen Haltung liegen.« Merke: Nur der wölfisch aufgewachsene Wolfspudel war ängstlich – nicht aber seine Geschwister, die von Zimen gezähmten Puwo-Welpen. Der Versuch ergab also, dass Wölfe Menschen fürchten, wenn sie nicht künstlich an diese gewöhnt werden, durch

Futter belohnt oder durch eingezäunte Schafsherden angelockt werden wie ein Kind, das man mit tausend Euro in den Süßigkeitenladen schickt.

Um die Verhaltens-Unterschiede weiter einzugrenzen, trennte Zimen auch die Würfe reiner Pudel und zog zwei Welpen – Bobby und Betty – selbst auf, während das dritte Pudelkind bei seiner Pudelmutter blieb. Die von Zimen aufgezogenen Pudel »waren deutlich weniger agil als gleichaltrige Wölfe«, beobachtete er durchgehend. »Sie hätten keine Chance gegen ihre wilden Stiefgeschwister gehabt.« Das heißt: Pudel werden nicht wölfisch und verwildern nicht – auch dann nicht, wenn sie nie einen Menschen getroffen haben und gleichsam wild aufwachsen. Die raue Umwelt alleine machte die Hunde nicht wieder wild. Das »Wesen« von Haushunden schlägt nicht durch Erziehung ins Wölfische zurück. Es gibt also Verhaltens-Teile, die von der Erbsubstanz bestimmt werden.

Bei den Kindern der Pudelwölfe spaltete sich das Verhalten auf, vor allem ihre Ängstlichkeit und Kontaktbereitschaft gegenüber Menschen. Zimen vermutete auch hier einen rein erblichen Einfluss. Die Aufteilung elterlicher Merkmale in der Enkel-Generation kennen viele aus dem Bio-Unterricht: Die Kinder von roten und weißen Blumen-Eltern sind durchgehend rosa. Doch deren Enkel sind auf einmal wieder weiß und rot (und rosa). Das ist erbliche Aufspaltung.

Da Zimen auf sich alleine gestellt war, konnte er bald nicht weiterforschen. »Die Zahl meiner Kreuzungstiere«, so der Wolfspudelforscher, »ist viel zu gering, um weitreichende Aussagen machen zu können.« Es zog ihn in die freie Natur auf einen Einödhof, wo er als »Wolfsvater« bekannt wurde.

Im Kieler Institut für Haustierkunde, dem Zimen zeitweise angegliedert war, wurden derweil – im Vergleich zu Hund und Wolf – weniger nah verwandte Tiere gekreuzt. Aus Kojoten und Haushunden kreuzten die Kolleginnen und Kollegen *Coy Dogs*, Kojotenhunde. Diese Mischlinge leben auch in freier Natur. Zudem paarte man in Kiel Kojoten mit Pudeln. Daraus

entstanden Kojotenpudel beziehungsweise Pudelkojoten. Und so weiter.

Diese Versuche warfen durchaus Licht auf den erblichen Teil des tierischen und damit auch menschlichen Verhaltens. So schrieb Zimen über Raas, einen seiner Pudelwölfe, den er unter Wölfen leben ließ: »Seine Jagdleidenschaft ist ungebrochen. Die Hatz, erst einmal begonnen, kann Stunden dauern. Deshalb muss ich bei Wanderungen mit den Wölfen besonders auf ihn und nicht auf die Wölfe aufpassen. Ist Raas einmal ›in Fahrt‹ gekommen, mit den Wölfen im Schlepptau, könnte es womöglich lange dauern, bis wir alle wieder beieinander sind.

Die Wölfe sind nach wie vor ausgesprochen anhänglich. Untereinander halten sie stets engen Kontakt, und auch zu uns kommen sie immer wieder zurück und vergewissern sich, daß wir alle noch da sind. Wären sie nicht so ängstlich in jeder für sie unbekannten Situation, könnten sie vom Verhalten her nicht angenehmer, unproblematischer sein. Ich wünschte mir, meine Hunde wären auch so liebevoll diszipliniert.

Trotzdem müssen wir im Wald die Wölfe an die Leine nehmen. Der Jagdpächter hat sich beschwert, ein anderer Jäger hat mich gar angezeigt; aus Sorge um die Bevölkerung, wie es heißt, vor allem um die Kinder. Schließlich brauche man eine Genehmigung, um gefährliche Tiere, wie es nun einmal Wölfe sein sollen, zu halten. Gemeint hat er wohl seine Sorge um die Rehe, die zwar hier wie anderswo immer noch allzu zahlreich den Wald buchstäblich auffressen. Doch seit Rotkäppchens Zeiten versteht man es eben, die eigenen Interessen an reicher Beute altruistisch zu verbrämen. Die Kinder in der Grundschule nebenan allerdings waren ganz begeistert, als vor ein paar Wochen unvermittelt ein Wolf während der großen Pause über den Schulhof lief.«

Zimen wurde zum Freund aller Wölfe. Das Wolfswesen erschien ihm schließlich scheuer und freundlicher als das vieler Hunde. »In der Zeitung«, so schrieb er, »lese ich an diesem Morgen, dass eine alte Frau nicht weit von hier von einem Schäferhund angefallen und so stark verletzt wurde, daß sie verblutete, ehe Hilfe kam. Die Besitzer des Hundes können es gar nicht verstehen, hatten sie sich den Hund doch nur zur Bewachung ihres Grundstücks zugelegt, heißt es weiter im Bericht. Ob der Hund getötet werden muß, steht noch nicht fest.

Was sind das für seltsame Relationen: Während der wilde und eher ängstliche Wolf gerade noch hinter dicken Gittern geduldet wird, lassen wir es zu, dass viele der seit Jahrtausenden gezähmten, aber ungleich gefährlicheren Hunde wie hier eine alte Frau überfallen und töten und anderswo immer wieder Kinder körperlich und auch seelisch verstümmeln, Postboten hetzen und Erwachsene in Angst und Schrecken halten. Ist es nur alte Gewohnheit, unsere Trägheit, die eine Einsicht in das Abwendbare verhindern? Oder werden wir uns eines Tages doch besinnen auf das, was der Hund in erster Linie bleiben sollte: ein junger, liebenswerter, anhänglicher und verträglicher ›Wolf‹ in der Familie?«

Zimen starb im Jahr 2003 nur zweiundsechzigjährig. Heute wäre er, seit manche Menschen wieder Angst vor Wölfen entwickelt haben, die Stimme der Vernunft. Er war wie beschrieben zum »Wolfsvater« geworden und hätte einen völlig anderen Ton in die ängstlichen Gespräche zwischen Wolfsgegnerinnen und -gegnern mit Wolfs-Fans gebracht. Zimen hatte außerdem gelernt, dass sich mit der Mischung verschiedener Tier-Arten auch deren Verhaltensanteile mischen – aber in unvorhersehbaren Verhältnissen zueinander. Letztlich entscheidet also wirklich die Umwelt, was aus den Anlagen von Mensch, Hund, Wolf und den meisten anderen Tieren wird. Sogar Schnecken und Blutegel können lernen; ich habe es selbst erprobt.

In Nordamerika leben derzeit übrigens Hunderttausende Wolfshunde. Es sind keine Kreuzungen von Grauwölfen mit Pudeln, sondern von Wölfen mit Schäferhunden oder Huskies. Diese Wolfshunde werden auch als Haustiere gehalten. Da die Züchterinnen und Züchter aber nicht vorhersagen können, wie viel Wolf und wie viel Hund im jeweiligen Wolfshund hervorscheint, rät niemand normalen Hundehalterinnen und Hundehaltern, sich diese unangepassten Tiere auszusuchen.

Tierkreuzungen, die nicht ursprünglich wissenschaftlichen Überlegungen nach körperlichen oder »geistigen« Eigenschaften entstammen, sondern züchterischen, gibt es auch. Walfine oder Wolphine, englisch *Wolphins*, wurden beispielsweise aus Großen Tümmlern mit Kleinen Schwertwalen gezüchtet. Während ich dieses Buch schreibe, lebt der einzige und vielleicht auch letzte Wolphin im Sea Life Park in Hawai'i. Kekaimalu heißt das weibliche Tier (übersetzt: *»aus dem friedvollen Meer«*). Es wurde 1985 geboren und schwimmt im selben Becken wie die Show-Delfine.

Zwei Kinder von Kekaimalu starben, doch dann brachte die Walfinin 2005 ein bis heute lebendes Kind zur Welt, das die Menschen auf den Namen Kawili Kai tauften. Kawili Kais Vater ist ein Tümmler. Somit trägt Kekaimalus Kind Kawili Kai drei Viertel Tümmler-Erbsubstanz in sich und ist zu einem Viertel Schwertwal. Der erbliche Einfluss zeigt sich dabei weniger im Verhalten als vielmehr in der Zahnzahl der Walfine: Die aus Wal und Delfin entstandenen Kids haben 66 Zähne im Kiefer, ihre Eltern hingegen 88 (Tümmler) oder 44 (Schwertwal). Zack!

Natürlich endet die züchterische Neugier der Menschen nicht bei miteinander gekreuzten Schwertwalen und Tümmlern. Für eher kindlich denkende Menschen (wie mich) schon fast zu erwarten sind »Liger«, die Nachkommen eines männlichen Löwen und einer Tigerin. Wenn nicht die Mutter, sondern der Vater ein Tiger ist, dann heißen die Nachkommen Tiglon, Töwe oder Tigon.

Auch Tiger-Löwe-Mischwesen wurden weiter gekreuzt: Aus der Paarung einer Töwin mit einem Tiger entsteht beispielsweise ein Ti-Töwe. Eine Ligerin, die mit einem Löwen ein Kind hat, ist Mutter eines Li-Ligers.

Obwohl sich Löwen und Tiger für unsere Augen ähneln, ist deren Kreuzung kniffeliger als die Züchtung von Wal-

Delfinen oder Wolfshunden. Der Grund: Zwischen Tiger und Löwe liegen vier Millionen Jahre getrennter Entwicklung. Männliche Liger sind wegen der zu starken Erbsubstanz-Unterschiede zwischen Tiger und Löwe sogar unfähig, sich fortzupflanzen.

Begegnen werden Sie Töwen oder Li-Ligern vermutlich nicht. Nur im schleswig-holsteinischen Grömitz lebten in der *Zoo Arche Noah* bis 2008 drei Liger. Es waren außergewöhnlich große Raubkatzen. Liger-Männchen legen wegen ihrer Fortpflanzungsunfähigkeit oft zusätzlich Gewicht zu und wirken etwas kurzbeinig. Bis zu 350 Kilogramm bringen die über drei Meter langen Tiere auf die Waage. Heute haben Menschen aber andere Fragen und Sorgen als Raubkatzen-Kreuzungen. Immerhin – die Tiere gab es und wird es wohl auch hin und wieder erneut geben, beispielsweise, wenn ein zoologischer Garten schräge Publikumsmagneten sucht.

Leichter als Raubkatzen- oder Walfin-Kreuzungen sind Zebroide zu halten, die Zebra und Pferd als Eltern haben. Auch sie können sich aber – wie Liger – nicht vermehren, weil die Erbsubstanz-Anteile aus Spermium und Eizelle der Eltern-Arten im Zebroid nicht passgenau verschmelzen.

Dann gibt es noch Camas. Das sind Kinder eines Kamels und eines Lamas. Das erste Cama *ever* hieß Rama und wurde Anfang 1998 in Dubai, der Hauptstadt der Vereinigten Arabischen Emirate, geboren. Das dortige Kamelzentrum wollte wissen, ob durch die Kreuzung von Lama und Kamel leistungsfähige Lebewesen entstehen. Genauer gesagt wollte es der heutige Herrscher des Emirats Dubai – er ist zugleich Premierminister, Vizepräsident und Verteidigungsminister der Vereinigten Arabischen Emirate – erfahren. Das Beste aus beiden Tierarten sollte erbsubstanzlich gemischt werden. Meine Kollegin, die Zoologin und Cama-Zuchtprogrammleiterin Lulu Skidmore, berichtet, was dabei genau erwünscht war: das Gewöll der Lamas einerseits sowie die Ruhe, Stärke und Geduld von Kamelen andererseits. Um es kurz zu machen: Es klappte nicht so richtig, denn Rama, das Cama, biss Menschen und hielt meist nicht still. Von Ruhe und Geduld keine Spur.

Im Alter von vier Jahren wurde Rama geschlechtsreif. Da wollte es sich dann ausgerechnet mit einem Guanako paaren. Das sind wild lebende Kamel-Arten, welche die Urform der heutigen Lamas darstellten. Europäischen Augen erscheinen Guanakos eher wie Lamas als Kamele. In Südamerika leben sie in Höhen bis zu viertausend Metern in den Bergen.

Der sexuelle Hang des Mischlings Rama zum Guanako war eine Neigung zur Rückkreuzung, das heißt hin zu ursprünglichen, noch nicht von Menschen beeinflussten Kamel- beziehungsweise Lama-Formen. Eine blöde Sache, denn es ging im Zuchtprogramm ja um Stolz und Wüsten-Wolle, nicht um Ursprünglichkeit oder das abgeschiedene Leben in den Bergen. Da das Verhalten von Rama, dem Cama, auch sonst nicht wie gewünscht war, und da die auf Rama folgenden Camas ebenfalls oft nicht den Vorstellungen der Chefs entsprachen, dauern die Kreuzungsversuche weiter an.

So einfach sind Kreuzungen eben nicht. Entweder sind die Tiere, wie Mulis und Liger, nicht fortpflanzungsfähig oder, wie bei Wolfspudeln und -hunden, entstehen mal so und mal so gemischte Tier-Persönlichkeiten.

Wie sieht es mit den gemischten Nachkommen zwischen heutigem Mensch und weiter entfernten Menschengeschlechtern aus? Offenbar ganz gut, denn immerhin ein Prozent der Erbsubstanz von Neandertalern findet sich in asiatisch- und europäischstämmigen heutigen Menschen – also auch in den meisten von Ihnen, liebe Leserin und lieber Leser. Eine große Forschungsgruppe des Max-Planck-Institutes aus Leipzig stellte kürzlich fest, dass die Neandertaler möglicherweise »einfach von den Neuankömmlingen [uns, M.B.] aufgenommen und mit ihnen verschmolzen sein könnten«. Das ist nicht nur erbsubstanzlich, sondern auch wörtlich zu verstehen.

In den nächsten Jahren werden wir durch weitere Erbsubstanz-Spuren erfahren, wann und wie die neuen, also heutigen Menschen die Neandertaler gleichsam umarmt und aufgesogen haben. »Bis jetzt haben wir vielleicht Knochen von zehn Neandertalern«, so Forschungsgruppen-Mitglied Kay Prüfer. »Damit kann man noch nicht alles machen, was wir uns so vorstellen.« Es fehlen zusätzliche Knochen von Neandertalern, deren Erbsubstanz sich herauslösen und mit der unseren vergleichen lässt.

Manche Kreuzungen laufen auch erstens in der Wildnis und liefern zweitens keine oder tot geborene Nachkommen. Der für mich unerwartetste Geschlechtsverkehr fand im Jahr 2006 zwischen biologisch stark verschiedenen Sika-Hirschkühen mit einem männlichen Schneeaffen, auch Japan-Makak genannt, statt. Eine Wildüberwachungs-Kamera auf der japanischen Insel Yakushima filmte mehrfach denselben Affen, während er auf Hirschkühe kletterte, sich an ihnen gleichsam reitend rieb und dann auf das Rückenfell des erklommenen Sika-Hirschweibchens ejakulierte. »Der Affe und die Sika-Hirschkühe kannten sich bereits. Sie spielten miteinander und lebten Seite an Seite«, berichtete meine Kollegin Marie Pelé aus Straßburg dazu.

Warum die ursprünglich rein freundschaftliche Zuneigung ins Sexuelle glitt, bleibt unbekannt. »Wir glauben nicht, dass der Affe üben wollte, wie Geschlechtsverkehr funktioniert«, meint Kollegin Pelé. »Das können Affen von einer biologisch weit entfernten Art nicht sinnvoll lernen. Der Geschlechtsverkehr dürfte auch nicht aus Mangel an Affen-Weibchen geschehen sein. In solchen Fällen onanieren Japan-Makaken einfach, oder sie paaren sich homosexuell.« So weit Kollegin Pelé.

Wenn die Erbsubstanz sich hingegen genügend ähnelt, entstehen Nachkommen auch aus ungewohnten Verpaarungen. Ein neues Beispiel dafür sind, um ein letztes Mal auf Hunde zu kommen, sogenannte Designer-Hunde. Typischer Vertreter dieser Hundegruppe ist der Cavoodle, erschaffen vom

Züchterpaar Linda und Steve Rogers aus Arizona. Auf deren *Timshell Farm* entstand aus Cavalier King Charles Spanieln, Zwergpudeln und der fluffigen Mini-Hunderasse Bichon Frisé (Wesensart der Letzteren: fröhlich, bezaubernd, aufgeweckt, aufheiternd und verspielt) der Cavoodle. Er sieht wie ein Stofftier aus, vom wuscheligen Fell bis zum breiten Gesicht mit kurzer Nase, abgerundeten Ohren und kindlicher Kopfform. Diese ist technisch gesehen übrigens ein dauerkindliches Merkmal (vgl. Seite 19), natürlich vom Menschen gewollt und gezüchtet, weil es so »niedlich« ist. Die Fellpflege von Cavoodles ist aufwändig, weil die Haare stark gelockt sind. Ob sich für Cavoodles immer die richtigen Halterinnen und Halter finden, ist eine spannende Frage. Öfter suchen Menschen bloß ein lebendes Plüschtier, das sie hätscheln können.

Prüfen Sie das selbst in einem Tierheim oder auf Zuchtbörsen. Dabei können Sie zugleich testen, wie viel Pudel-Verhalten noch im Cavoodle steckt. Zur Erinnerung: Die im Cavoodle vermischten Hunderassen sind erstens Pudel. Diese müssen nach den offiziellen Pudel-Zucht-Regeln »treu, gelehrig und ausbildungsfähig« sein. Zweitens der Bichon-Frisé-Anteil, »spielt gerne, lässt sich aber ebenso gerne von Herrchen oder Frauchen verwöhnen«, und der dritte Anteil im Cavoodle, der Cavalier King Charles Spaniel, ist »verschmust und kinderlieb«. Ob ein Cavoodle alle oder bloß einige dieser Merkmale in sich trägt, und welche davon wie vererbt sind, können Sie ja bei einem knuddligen Spaziergang mit den Hundefreundinnen und -freunden erkunden. Mal sehen, vielleicht wollen sie danach ja doch lieber wie Erik Zimen auf einen Einsiedlerhof ziehen, um dort wie dieser (oder wie Brehm) mit unverzärtelten Tieren zusammenzuleben.

Beschämte Hunde

In einem Nebensatz berichtet Alfred Brehm, wie auf Seite 16 beschrieben, dass »man denkt, es lohne sich der Mühe«, Hunde zu strafen. Der Satz ist doppeldeutiger als er scheint. Denn Brehm, der das Verhalten seiner ›Thiere‹ persönlich nahm, wusste, dass Hunde tricksen, wenn sie betroffen dreinschauen: Tatsächlich machen Hunde nur das, was ihre menschlichen Chefinnen und Chefs von ihnen erwarten. *Warum* sie bedröppelt schauen sollen, wenn sie angeblich Murks gebaut haben, wissen Hunde nicht. Sie machen es, weil dann Frieden herrscht. Einsicht kennen sie nicht.

Nicht alle Tierbeobachterinnen schauen so genau hin wie Brehm. Selbst Konrad Lorenz glaubte beispielsweise, dass Hunde sich schuldig fühlen könnten.

Meine Kollegin Alexandra Horowitz, Psychologin am Barnard College der Columbia University in Manhattan, bewies als Erste, dass das nicht stimmt. Selbst wenn ein Hund sich in ihren Versuchen nicht schuldig fühlen konnte, weil er nämlich gar nichts stibitzt hatte, glaubten Herrchen und Frauchen, am Gesichtsausdruck ihres Schützlings ablesen zu können, ob dieser etwas »Verbotenes« gemacht habe.

Horowitz stellte dazu vierzehn Hunden je neunmal ein Leckerli vor die Nase. Das echte Herrchen oder Frauchen – also keine weiß bekittelten Fremden, sondern die echte Bezugsperson – gebot dem Hund sodann, die Speise nicht anzurühren. Danach verließen Herrchen oder Frauchen den Raum.

Nach reiner Zufalls-Auswahl fütterte die New Yorker Psychologie-Professorin nun entweder das Naschwerk an den Hund oder nicht. Ebenfalls rein zufällig wurde den Hundebesitzer*innen danach mitgeteilt, ob ihr Hund die verbotene Mahlzeit vertilgt habe (»böser Hund«) oder dem Nicht-Ess-Befehl gefolgt sei (»braver Hund«).

Ergebnis: Die Hundebesitzerinnen und -besitzer, die ihren manchmal ungehorsamen, ebenso oft aber gehorsamen, also »unschuldigen« Hund scholten, waren überzeugt, dass ihr Hund sich beim Wiedersehen passend zum Diebstahl oder zur gehorsamen Nahrungs-Verweigerung verhalten habe: schuldig und niedergedrückt nach Verzehr, fröhlich und aufgeweckt bei bravem Verzicht auf den Hundekuchen. Doch das war nur Einbildung.

Die Hunde erkannten nur die Stimmung des Menschen und schauten passend dazu aus der Wäsche. Den niedergeschlagenen Blick haben Hunde bloß gelernt. Denn wenn ein Hund für Menschen-Augen »schuldig«, also mit gesenktem Kopf von unten zu seinem Menschen schaut, sorgt das für Milde beim Schimpfenden. Genau das und sogar *nur das* wollen Hunde: ihrem Herrchen oder Frauchen gefallen. Egal, warum der Mensch gerade herumspinnt.

Schuldempfinden haben Hunde nicht, denn sonst würden sie ja nur dann schuldig gucken, wenn sie auch wirklich etwas Verbotenes genascht hätten. Doch Hunde schauen immer schuldig, wenn Herrchen oder Frauchen glauben, dass ihr Schützling den Hundekuchen verbotenerweise verspeist hat.

Ein zweites Forscherinnenteam (yep, nur Frauen) um Julie Hecht ging drei Jahre später weiter. Nicht die Versuchsleiterin bestimmte diesmal gemäß Zufalls-Schlüssel, wann die Hunde

das Leckerli verschlingen durften. Die Hunde selbst hatten die freie Wahl, ob sie fressen wollten oder nicht. Danach wurde gefilmt, wie freudig oder »schuldbewusst« die Hunde ihre Herrchen und Frauchen begrüßten.

Jetzt konnte die Stimmung der Bezugs-Menschen nicht von ihrer Meinung über Schuld oder Unschuld des Hundes abhängen. Denn die Menschen wussten nicht, ob ihr Hund die verbotenen Leckereien verspeist hatte oder nicht. Herrchen und Frauchen sollten nur aus dem Verhalten ihrer Hunde erkennen, ob ihre Schützlinge gegen den Menschen-Befehl gefressen hatten oder nicht.

Ahnen Sie das Ergebnis? Die »schuldigen« Hunde begrüßten ihre Herrchen und Frauchen kein bisschen verschlagener, verschämter oder verdruckster als die »braven« Tiere. Hunde verstehen eben nicht, warum sich Herrchen und Frauchen öfters aufregen. Sie gucken nur »schuldig«, weil das ihre Menschen freut.

Trotzdem glauben sicher auch die meisten von Ihnen, aus dem Verhalten Ihrer Tiere ableiten zu können, ob diese einen Hundekuchen gestohlen, den Blumenpott herabgeworfen oder den Schrank zernagt haben. Die Trefferquote von Menschen ist dabei aber immer ein zufälliges Fifty-fifty.

Schimpfen Menschen mal zu Recht, so wird der Hund ängstlich, unsicher und unterwürfig. Wenn der Mensch sich zu Unrecht aufregt, schauen Hunde aber genauso bedröppelt. So sind sie seit Jahrhunderten gezüchtet.

Zuletzt wurde diese für Menschen oft unverständliche Tatsache im Winter 2011/2012 von zwei Psychologinnen der Universität Cambridge und einer Forscherin der weniger bekannten, aber feinen Universität im kroatischen Rijeka bestätigt. Die Forscherinnen achteten diesmal darauf, dass die Hunde nicht durch einen unbekannten Versuchsraum eingeschüchtert wurden. Dazu gingen sie in die Wohnungen von Herrchen und Frauchen, und damit in die vertraute, heimische Umgebung der Tiere. Auch bei diesen Tests schauten die sechsundneunzig untersuchten Hunde in ebenso vielen verschiedenen Wohnungen immer beschämt, wenn ihre Bezugspersonen schimpften – egal, ob die Tiere den Leckerbissen, diesmal statt einem Hundekuchen ein Schinken-Stückchen, gestohlen hatten oder nicht.

Wer Tierfreundin oder Tierfreund ist, lernt aus den Experimenten, dass es nicht sinnvoll ist, einen Hund zu bestrafen. Hunde sehen den Fehler mangels moralischem Kompass nicht ein. Das wirksamste und fairste Mittel zur Hunde-Erziehung ist es daher, die Vierbeiner zu belohnen, wenn sie sich angenehm verhalten, und nur dann zu schimpfen, wenn die Schandtat erstens arg war, zweitens erst vor wenigen Sekunden geschah und drittens, das ist besonders wichtig, klar bewiesen ist. Stress und falsche Beschuldigungen führen dazu, dass das schon Sekunden nach dem Ereignis kenntnis- und einsichtsfreie Tier traurig schaut, aber inhaltlich nichts versteht. Außer, dass Herrchen und Frauchen gestresst sind. Und das wollen Hunde ja nicht.

Das wirkt in beide Richtungen. Sobald beispielsweise in der Kinder- und Jugendpsychiatrie ein Therapie-Hund in die dortige Schulstunde kommt, beginnen die Kids sich zu konzentrieren, es wird ruhig. Die Schülerinnen und Schüler wollen das freundliche Tier nicht durch Klappern, Gesten oder Geschrei ärgern. Ich habe das schon erfreut miterlebt.

Mehr Loben und weniger Schimpfen bewirkt auch zwischen Menschen, dass sie freundlicher und entspannter werden. Lebe, was du predigst: Versuchsleiterin Horowitz aus New York lobt Mensch und Tier zu gleichen Teilen, sowohl ihre Hunde Finnegan und Upton, ihre Katze Edsel als auch ihre beiden menschlichen Mitbewohner. Machen Sie es ihr doch einfach nach.

Kopffüßler

Während meines lernpsychologischen Praktikums auf der irischen Insel Leitir Mealláin mit drei Mitstudentinnen, etwa zehn aus dem dortigen Meer entliehenen Zirrenkraken, mehreren Gestrichelten Buckelschnecken sowie Hunderten Zehnfuß-Krebsen lernte ich die Kreisläufe des Lebens lieben. In einem Becken, das wir forschungsfrei, also nur aus Freude an Tieren, im Insel-Labor anlegten, schwammen beispielsweise Muscheln herum. Schwammen? Das hatte ich vorher weder gesehen noch geahnt: Die beschalten Meerestiere, die wir eher als Urlaubssouvenir oder Strandfund kennen, wabern schnappend durch die für sie zähe Umgebung, das Meereswasser.

Hauptsächlich aber brachten wir unseren achtarmigen Freunden, den Kopffüßlern, bei, dass sie Belohnungen erspielen konnten, wenn sie zu einem grünen Dreieck schwammen. Oder zu einem roten Punkt. Oder umgekehrt.

Was die Tiere besonders liebten, waren frickelige Rätsel, beispielsweise in Gläschen eingeschraubte Leckereien, die sie dort herausholen konnten. Zauberwürfel für Kopffüßler! Am Ende ließen wir die klugen und schönen Tiere frei. Tränen der Freude, aber auch des Abschieds flossen (bei uns, nicht bei den Tintenfischen), als wir sie nach wenigen Wochen zurück in ihre salzige Heimstatt brachten.

Das war vor einem Vierteljahrhundert, und ich habe seither nie wieder Tintenfische gegessen. Die Kraken waren für uns großartige Kumpels geworden: Beleidigt, wenn ihnen langweilig wurde, im Labor nachts herumstromernd, bei den Experimenten hart pfuschend – sie schauten ab, was ihre Nachbarn gelernt hatten. Die Tiere vertrauten uns, wenn wir das Wasser wechselten, und setzten sich aus Spaß auf unsere Hände, anstatt uns zu zwicken. Das hätten sie leicht gekonnt: Tintenschnecken, wie sie zoologisch heißen, haben einen harten Schnabel als Kiefer.

Mehr als fünfzehn Jahre später fand die Fußballweltmeisterschaft 2010 statt. Einunddreißig Millionen Deutsche sahen zu, wie ihr Fußballteam im Halbfinale gegen die spanische Elf verlor. Die kleine Krake »Paul« hatte Spaniens Sieg im Oberhausener Aquarium *Sea Life* schon vorhergesehen. Und nicht nur das. Durch Herausfischen einer Miesmuschel aus zwei durchsichtigen Behältern, die jeweils mit der Landesflagge eines Teams beklebt waren, entschied er, wer das in wenigen Tagen stattfindende Spiel gewinnen würde. Bei der genannten Weltmeisterschaft sagte Paul achtmal hintereinander fehlerfrei alle Siege voraus, darunter die fünf Gewinne der deutschen Nationalmannschaft gegen Australien, Ghana, England, Argentinien und Uruguay.

Auch Niederlagen konnte Paul vorab erkennen. Er wusste, dass Deutschland gegen Serbien (Vorrunde) und, am erschütterndsten, das schon erwähnte Spiel gegen Spanien verlieren würde. Gruselig wurde es, als Paul den Sieg Spaniens im Endspiel gegen die Niederlande richtig orakelt hatte.

Mein Kollege, der Tintenfisch-Forscher Volker Miske, arbeitete damals als Zoologe an der Universität Greifswald und betrieb später das *Deutsche Tintenfisch-Archiv*. Er vermutete hinter Pauls Entscheidung unsichtbare Geschmacksspuren an einem der Muschel-Döschen: »Die saugnapfbesetzten Arme der Kraken sind mit empfindlichen Geschmacks-Sinneszellen ausgestattet«, sagte er, »und aus einer weniger verschlossenen Kiste ›duftet‹ es natürlich verlockender. Es reicht schon aus, dass eine Muschel etwas größer als die andere ist.«

Hatten also die Mitarbeiterinnen und Mitarbeiter des *Sea Life* unbewusst die Siege und Niederlagen erspürt und die versenkten Orakel-Boxen geschmacklich vorbereitet? Eine nicht minder rätselhafte Vorstellung, die sich nur durch eine Versuchsreihe lösen ließ, wie Kollege Miske und ich fanden.

Also fragte ich jemanden, der seit Jahrzehnten ganztags beruflich Zahlen prüft. »Schön, mal wieder von dir zu lesen«, schrieb mir Walter Krämer, Zahlenkunde-Professor an der Universität Bochum. »Beim Halbfinal-Tipp für oder gegen Deutschland lag Pauls Treffer-Wahrscheinlichkeit bei 1:256, bei der Vorhersage fürs Finale hatte er durch reinen Zufall mit 1:128 recht. Da es bei Weltmeisterschafts-Spielen nur um Gewinn oder Sieg geht, und da beide Ausgänge gleich wahrscheinlich sind«, so Krämer, »ist es wie bei einem Anlageberater mit 1024 möglichen Kunden. Alle bekommen zehn Wochen lang eine Vorhersage, ob die Börse steigt oder fällt. Es gibt dann 2^{10}, also 1024 Möglichkeiten. Eine davon ist immer richtig – gute Geschäftsidee.«

Anders gesagt: Bei K.-o.-Spielen wie bei einer Fussballweltmeisterschaft ist ein Gleichstand zum Spielende nicht erlaubt. Es wird so lange weitergespielt, bis einer von zwei möglichen Ausgängen – der Sieg für ein Team; kein Unentschieden – eintritt. Dann ist die Möglichkeit für Kraken, Orakel und Menschen, eine richtige Vorhersage zu machen, für jedes Spiel $1:2^1$.

Bei zwei Spielen gibt es $1:2^2$, bei sieben Spielen $1:2^7$, und damit immer noch überschaubare 1:128 Möglichkeiten. Wenn also in einer Gruppe Menschen mit hundertfünfzig Mitgliedern – etwa einer kleinen Abteilungs- oder WhatsApp-Gruppe – alle einzeln auf den Ausgang von sieben K.-o.-Spielen tippen, wird einer oder eine durch Zufall alle sieben Spiele richtig »vorhergesagt« haben.

Das war der Trick von Paul.

Trick Nummer zwei: Von allen, die beim Tippen danebengelegen haben, hören wir nichts. Nur erfolgreiche Serientreffer schaffen es in die Meldungen. Das war auch bei der WM 2010 so. Falsch getippt hatte beispielsweise der dreizehnjährige Papagei Mani aus Singapur. Er pickte auf eine Karte mit der Flagge Hollands und sah so den Sieg der niederländischen Mannschaft gegen Spanien voraus. Doch Mani irrte. Sein Tipp wurde zur unbeachteten Fußnote der Tier-Orakel-Geschichte.

Es gibt dazu noch viele lustige Beispiele. So gewannen beispielsweise das Kamel Laila und meine Freundin Michaela Schaffrath bei einem Börsenwettbewerb gegen Wolf Drees von der Anlage-Firma *Union Investment*, die damals sechzig Milliarden Euro verwaltete. Drees wählte seine Aktien »durch analytische Kenntnis«, Michaela »aus dem Bauch raus« und Laila durch die Verzehrreihenfolge von auf Aktienstapel gelegten Brötchen. Es handelte sich durchweg um gute Aktien im Spielwert von je hunderttausend Euro. Nach drei Monaten lag die Wertpapier-Auswahl von Wolf Drees auf Platz drei und damit hinter den Guthaben des Kamels sowie der strahlenden Siegerin, eben Michaela. Selbst Computer-Software, der keine Informationen über Aktien vorliegt, gewinnt beim Kauf und Verkauf von Aktien gegen Menschen regelmäßig.

»Typisch menschlich«, findet Statistik-Professor Walter Krämer das Orakeln. »Es ist das Bedürfnis zur Vereinfachung von Unsicherheit und der Glaube daran, dass die Zukunft vorhergesagt werden kann – egal aus welcher Quelle.« Bei der Fußball-WM 2010 lag zufällig Tintenschneck Paul richtig. Von den vielen anderen Vorhersage-Tieren, die falsch orakelt hatten, berichtete einfach niemand.

Ich habe Paul kurz nach der WM besucht. Er war ein kleiner, ängstlicher *Octopus vulgaris* ohne Spiel- oder Liebeskameraden oder -gefährtinnen. Meist hockte er in einer Ecke seines Orakel-Aquariums. Ein wirklich gruseliger Anblick. Achtarmige Kraken sind, anders als ihre im Stammbaum des Lebens benachbarten zehnarmigen Verwandten, klug und verspielt. Sie leiden daher doppelt unter der Einzelhaft in der Glaskabine. »Die Gehirne von Kraken sind nicht nur im Vergleich zu ihrem Körper sehr groß«, bestätigte auch mein Kollege, Biologe Shuichi Shigeno, in einer großen Studie im Jahr 2018. »Es gibt bei ihnen sogar Ähnlichkeiten zum Groß-, Mittel- und Zwischenhirn sowie dem Gehirnstamm von Wirbeltieren.«

Nicht jede Vermenschlichung ist also eingebildet. Das, was uns auf einer kleinen Insel in Irland bei unseren Labor-Kraken auf Zeit als Lernfreude, Langeweile, Pfuschen, Freundschaft und Vertrauen vorkam, war es auch. Das ist mein Lieblingsgrund, unsere Mitlebewesen ihr eigenes Ding machen zu lassen. Egal, ob und wie viele Arme oder Beine sie haben.

Meerjungfrauen

Menschen früherer Zeiten hatten von nichts eine Ahnung. Sie waren abergläubisch, das Mittelalter dunkel, die Welt unaufgeklärt und kalt.

Well, well. Schauen wir in alte Beschreibungen der damals zumeist in Tiere, Pflanzen und Steine dreigeteilten Naturbeschreibungen, so staune zumindest ich über die doch ganz treffsicheren Mitteilungen. So heißt es über den Tagmenschen *(Homo diurnus)* in Abgrenzung zu den Nacht- *(Homo nocturnus)* und Waldmenschen *(Homo sylvestris)* in deren berühmtester Beschreibung beim Kollegen Carl von Linné in einer Ausgabe aus dem achtzehnten Jahrhundert bei der Aufzählung berichtenswerter, weil auffälliger Menschen:

»Im Sommer 1775 starb in Engelland Sir Sprones, im 57. Jahre seines Alters. Er wog 569 Pfund, und war über den Schultern vier Schuh drei Zoll breit. Achtzehn Träger waren kaum imstande, ihn auf die Bahre zu winden. Er wurde einmal in einer Zänkerei mit einem ziemlich langen Federmesser gestochen, doch drang es wegen der dicken Lage Fett nicht in die Eingeweide.

Wir erinnern uns auch, in Petersburg einen fast vier Schuh breiten Engländer gesehen zu haben, welcher die ganze Breite eines Wagens einnahm.

Im October 1775 befand sich zu Amsterdam auf dem Bootermarkt in No. 40 ein Mädchen von vier Jahren, welches rauhhaarig war, und dreierlei Haare am Körper trug, als Reh-, Hirsch- und Tigerhaare mit Tigerflecken. Das Kind war sonst schön, zart und wohl gebildet, übrigens aber ein Gegenstand der Verwunderung für die Ärzte.«

Obwohl solche Mitteilungen über Tag- und Nacht-Menschen in einem Buch über Muscheln, Würmer, Vögel, Katzen, Insekten und Schuppentiere heute merkwürdig erscheinen, waren sie damals eben spannend – so, wie sie es ehrlich gesagt auch heute noch in der medizinischen, aber auch der Boulevard-Literatur wären. Kein Wunder also, dass Linné es berichtete.

Was der Biologe damals beschrieb, hatte er selbst gesehen oder von seinem dichten, weltweiten Netz an Gewährsleuten durch Briefe erfahren. Bis heute wird Linnés zweiteilige Benennung der Tiere und Pflanzen (nach Gattung und Art, also »Vor-« und »Nachname«) verwendet. Manchmal darf ich sogar in seine Sammlung schauen, die teils in der Londoner *Linnean Society* lagert, da ich seit Jahrzehnten deren Mitglied bin (jau, das gefällt mir). So weit also nichts wirklich Falsches in den alten Berichten.

Verwunderlicher ist, dass einer der bekanntesten Naturkundler, Konrad Gesner, in seinen Tierbüchern zweihundert Jahre vor Linné noch von gehörnten Hasen, Forst-Teufeln, Meerjungfrauen und Einhörnern berichtet. Anders als beleibte Menschen, Mädchen mit auffallendem Haarwuchs oder Leuten mit komischen Schlaf- und Wachgewohnheiten gibt es Wolpertinger und andere Fantasiewesen doch gar nicht.

In Gesners erstmals auf Lateinisch in vier Teilen von 1551 bis 1558 erschienenem Buch listet er in Band 3 aus dem Jahr 1556 Meerjungfrauen zunächst nur zwischen »Fischen und allem anderen aus dem Meer« kommentarlos auf: »Nereis, ein

Meerfräulein« – zack, Ende. Eingeordnet sind die Meerjungfrauen bei der Gruppe der lebend gebärenden und mit Lungen atmenden Wasserwesen.

In den folgenden Jahrzehnten erlebten Gesners Tierbücher überarbeitete und bebilderte Neuauflagen. Ganz sicher waren die Bearbeiter sich nicht, was seine wunderlicheren Tiere anging. Über Einhörner heißt es beispielsweise fünfzig Jahre später in einer Neuauflage des Gesner'schen Werkes:

»Weil vielerlei Arten der Einhörner beschrieben werden, aber keiner der Beschreiber es selbst gesehen hat, führe ich die Berichte nacheinander auf, damit der Leser desto besser achthaben möge. Man muss wissen, dass Hörner auch an Menschen wegen erlittener Krankheiten wachsen. Es gibt auch gehörnte Tiere unter den Vögeln und Insekten.«

Der Zusammenhang ist zwar krumm – nur weil es irgendwo Hörner gibt, muss es keine Einhörner geben –, aber die grundsätzlichen Tatsachen im Text der Neuauflage stimmen. Als Beleg für eigentümlich gehörnte Tiere stellt Gesner eine Abbildung des Schädels des heute Nashornvogel genannten, gefiederten Bewohners feuchtwarmer Gebiete der Erde zu seinem Text. Dieser Vogel hat wirklich eine Art Horn auf dem Schnabel. Ein Horn haben in einer ganz anderen Tiergruppe bekanntlich auch Nashornkäfer.*

Gehörnte Tiere gibt es also; so weit, so gut. Gesner hatte anders als Carl von Linné jedoch kein weltweites Netz von Briefpartnern. Seine Gewährsleute hatten ungenau berichtet oder, wahrscheinlicher, Narwal-Zähne für Einhorn-Hörner gehalten. Einen dieser schönen Zähne habe ich noch 2019 im Museum für Naturkunde in Berlin im Archiv liegen sehen, mit ausdrücklichem Hinweis darauf, dass er für ein Einhorn-Horn gehalten wurde. Größe und Form der Narwal-Zähne

* Wie die Kollegen Hu, Linz und Moczek im Jahr 2019 herausfanden, stammt die Bau-Anleitung dieser Käfer-Hörner übrigens aus Erbsubstanz-Bereichen, die eigentlich den Aufbau von Flügeln beschreiben.

passen jedenfalls zu unseren, auch heutigen, Vorstellungen von Einhörnern.

Doch zurück zu den Meerjungfrauen, dem bei Gesner sogenannten »Meerfräulein«. Im in der Neuauflage bei ihm abgedruckten Holzschnitt hat das Meerfräulein eine Art Katzenkopf, auffallend muskulöse Arme und flossige Beine. Am Ufer kann es – beziehungsweise sie – sich aufrichten und zeigt dann ihr fisch-, krebs- oder walartiges Körperende. Dass es Meerjungfrauen geben könnte, wunderte damals kaum jemanden, »denn dass in der Tiefe des großen Meers wunderbare Gestalten gesehen werden«, so auch Gesner, »zeigt die tägliche Erfahrung. Oben ähneln Meerfräulein einer Frau, unten einem Fisch, aber sie sind rau und behaart oder schuppig.« Auch hier wieder: Stimmt schon, in den Tiefen der Meere gibt es wirklich Wesen, die uns den Atem rauben. Nur der Zusammenhang, der stimmt nicht ganz.

Schon vor zweitausend Jahren (ab heute gerechnet) soll der römische Kaiser Tiberius laut Gesner eine Meerjungfrau gesehen haben. »Wenn sie sterben, dann heulen und seufzen sie«, schreibt er. Als einmal ein Meerfräulein an den Strand der griechischen Halbinsel Peleponnes angespült wurde, heulte und seufzte sie so erbärmlich, dass die Menschen ihr Platz machten und sie Richtung Meer ziehen ließen. Mithilfe ihres Schwanzes robbte die gestrandete Meerjungfrau alsdann zum Wasser, schwamm »mit großer Ungestümheit in das weite und tiefe Meer und wurde nimmermehr gesehen«. Da diese Aussage nun endgültig auf Unglauben stieß, ergänzt Gesner, dass »solche Meerfräulein auch von etlichen anderen beschrieben worden sind«.

Mir kam das alles komisch vor. Da der Bestandteil »Fräulein« im Meerfräulein noch in meiner Studienzeit eine von älteren Damen eingeforderte Anrede war, zumindest sofern sie nie geheiratet hatten, sind die Meerfräulein – heute Meerjungfrauen – wohl also auch damals als unverheiratet aufgefasst worden. Doch warum sollte man das bei Meereswesen erwähnen? Die Sehnsucht der Seefahrer nach weiblicher und zumindest halb menschlicher Begleitung drückte hier durch – eine unverheiratete Frau war damals eine, die zuvor nie Geschlechtsverkehr gehabt haben sollte. So konnte der Seemann vielleicht sogar Vater eines Mischwesens werden.

Eigentlich hatte Gesner immer sauber gearbeitet und neigte nicht zu nebelig belegten Berichten. Er war durch und durch Gelehrter, sprach und las Hebräisch und Altgriechisch, lebte in Augsburg, Paris, Zürich, Montpellier, Lausanne und Basel, studierte Medizin und arbeitete als Universitätsprofessor für Naturwissenschaften. Er war auch Arzt, ab 1554 sogar Stadtarzt von Zürich. Nun sind selbst knallharte Forscherinnen und Forscher an kauzigen Besonderheiten interessiert – das kenne ich nicht nur von mir, sondern auch von einigen Kolleginnen und Kollegen. Doch dass der Autor einer Universal-Bibliothek, veröffentlicht 1541, sowie des zehn Jahre später erschienenen großen Tierbuches bis zu seinem Tod – Gesner war keine fünfzig Jahre alt geworden, als er 1565 an der Pest starb – so leichtfertig Fabelwesen beschrieb, das verstand ich nicht. Also wälzte ich seine Bücher noch einmal und staunte.

Schon in seinen ursprünglichen Tierbüchern gibt es Fabelwesen, darunter meerjungfräuliche Nereiden, auch Einhörner und halb menschliche Meerteufel, damals bekannt als *Daemon*, *Satyrus* oder *Pan martinus* mit Hörnern auf dem Kopf und schönen Oberarm-Flossen. »Nereis, ein Meerfröwle« ist einsortiert zwischen Meerbutten (Schollen), Meerhechten, Meerhunden (Seehunden) und Meerspinnen, die es alle wirklich gibt. Bis in die späte Auflage seiner Tierbücher aus dem Jahr 1670 tummelt sich die volle Mannigfaltigkeit der heute als magisch angesehenen Geschöpfe. »Korrigiert und vermehrt« hatte das Tierbuch da allerdings bereits Georg Horst »mit römisch-kayserlich-majestätischer Freiheit«, wie es auf dem Titelblatt heißt. Ich hatte zuvor Doktor Horst in Verdacht, sich hundert Jahre nach Gesners Tod die Freiheit zur Fantasie genommen zu haben. Doch Horst hatte wirklich bloß das ausgebaut, wofür Gesner den Keim gesät hatte. In der Horst'schen Neuauflage finden sich allerdings auch Meeres-Bischöfe. Das sind klar erkennbare Fälschungen – eigentlich bloß für Touristinnen und Wundersuchende aufgeschnittene, getrocknete und wegen ihrer dabei scheinbar entstehenden, katholischen Kopfbedeckung, der Mitra, wie »Meerbischöfe« erscheinende Souvenir-Rochen. Heute würden wir sie wohl Wassermänner nennen.

Diese Meerbischöfe und Wassermänner, heute noch als »Jenny Haniver« bekannte Wesen, sind clever hergerichtete Geigenrochen. Ihre Bauchseite liegt bei der Herstellung oben, wird längs zertrennt, aufgeklappt und bildet dann ein scheinbar christliches Kirchengewand. Die Nasenöffnungen an der Körperunterseite des Fisches werden durch das Aufklappen des Bauches sichtbar und erscheinen nun wie Augen. Der Fischmund bleibt an Ort und Stelle und die zweiteiligen, länglichen Begattungs-Organe, die eigentlich verhärtete Flossen sind, werden Beine. Das sieht nicht nur im Thierbuch, sondern auch live gruselig aus, das muss ich schon zugeben. Links und rechts von unserer Meerjungfrau auf S. 61 sehen Sie je einen solchen gefälschten Meeresbischof, von Kat Menschik den Original-Holzschnitten nachempfunden.

Wir machen es uns allerdings zu leicht, wenn wir andere auslachen, weil sie an fremde Wesen glauben. Die angeblichen Meerjungfrauen können Robben gewesen sein, und Meeresbischöfe werden bis heute zusammengebastelt und wirken auf Menschen ohne Tierkenntnis völlig überzeugend.

Eine gute Geschichte verbreitete sich zudem schon immer. Mit Beginn des Buchdruckes wurden vorwiegend Klatsch und Tratsch, Sensationen und Kuriositäten verbreitet – genau wie heute. Ob Gesner dem Charme der Vorstellung erlegen ist, dass Meerfräuleins unsere Welt bereichern, oder er sie zunächst bloß pflichtbewusst auflistete und nicht ahnte, wie schräg sein Eintrag später wirken würde, werden wir nie erfahren. Ich tippe in Verneigung vor dem superben Forscher auf seine Ordnungsliebe und sonst nichts.

Betrunkene Elche

Am Abend des 11. November 1572 entdeckte der dänische Astronom Tycho Brahe im hierzulande ganzjährig sichtbaren Sternbild Kassiopeia einen hellen Stern. Zuvor hatte er den Himmelskörper nicht gesehen. Nun stand der Lichtpunkt im Himmel und rührte sich nicht. Brahe schrieb ein Buch über die Entdeckung und wurde damit in ganz Europa bekannt. Der neue Stern widersprach der Annahme, dass Sterne nicht einfach so auftauchen können. Niemand in Europa hatte je die Entstehung eines Sterns – genauer gesagt, das Aufleuchten kurz vor dem Ende seiner Lebenszeit – beobachtet.

Brahes heute SN1572 genannte Supernova widerlegte sogar grundsätzliches Wissen. Aristoteles hatte fast zweitausend Jahre zuvor beschrieben, dass sich zwar auf der Erde etwas ändern könne, am Himmel aber nie. Aristoteles war einer der wichtigsten Forscher und wurde stets zitiert, wenn es um das ging, was wir heute Naturwissenschaften nennen. Das war manchmal falsch, denn Aristoteles glaubte beispielsweise auch, dass Männer mehr Zähne hätten als Frauen. Jede und jeder hätte es zu Hause leicht prüfen können, nur tat es keiner. Aristoteles, sonst ein Spitzenforscher, hatte es ja geschrieben.

Brahe ging als großartiger Beobachter und Mathematiker in die Geschichte ein. Obwohl Fernrohre erst kurz nach seinem Tod erfunden wurden, waren die von ihm berichteten und berechneten Sternen-Messungen noch Jahrzehnte später ungeschlagen genau.

Mit Brahes nachts leicht überprüfbarer Sternen-Entdeckung hatte er bewiesen, dass fast, aber nicht alles stimmte, was der Urvater der Wissenschaften geschrieben hatte. *Never guess* – prüfe alles –, das sagt auch der ausgebildete Chemiker Sherlock Holmes, und ich halte es wie Brahe und Holmes in meinem Fach genauso.

Astronom Brahe wurde steinreich. Das nützte ihm, denn er war ein Nerd mit Marotten und interessanten Lebensgewohnheiten. Als er durch seine Messungen Weltbilder berichtigte, hätten andere Angst um ihr Einkommen gehabt oder sich gemobbt gefühlt und in einem Loch verkrochen. Wer will schon gegen die Meinung der Meisten weltenkundliches Neuland betreten? Brahe wollte und konnte es, und er stand für seine Beobachtungen gerade. Als eben erst zwanzig Jahre gewordener Studierender kostete ihn genau das allerdings seine Nase. Das Gesichtsteil ging nach einem Duell am Abend des 29. Dezember 1566 dauerhaft verloren – beim Streit um die Frage, wer die Läufe der Gestirne mathematisch besser verstünde. Brahes Gegner Manderup Parsberg hatte seinen Widersacher, vermutlich am Friedhof der Rostocker Marienkirche, bei dem damals in Ehren-Dingen noch üblichen Gefecht mit dem Säbel im Gesicht getroffen.

Nach diesem Kampf ließ Brahe den Kopf nicht hängen und erhielt, vermutlich durch Nachfrage bei den Rostocker Medizinprofessoren, eine neue Nase aus Metall. Sie war nicht wie heutige, künstliche Gesichts-Ersatzteile fast originalgetreu nachgebildet und gut verankert, sondern musste mit einer Paste festgeklebt werden. Willem Janssoon Blaev (Wilhelm Janszoon Blaeu), der mit Brahe zwei Jahre auf der westdänischen Insel Ven (Hven) lebte, berichtete, dass Brahe immer »Salbe« bei sich trug, um die Nase zu pflegen – oder, wie ich vermute, um sie festzukleben.

Eine Metall-Nase war zwar unangenehm, aber nicht ganz so schlimm, wie es sich heute anhört. Erstens wurden Duell-Wunden noch bis in meine Jugend stolz vorgezeigt und »getragen«, beispielsweise sogenannte »Schmisse«. Das waren Narben auf der Wange von einst als ehrenhaft wahrgenommen Degen-Gefechten. Sogar der deutsche Reichskanzler Otto Fürst Bismarck forderte den Arzt Rudolf Virchow im Jahr 1865 zum Duell. Nicht so lange her!

Zweitens waren zu Brahes Zeiten wenn, dann nur Wachs-Nasen verfügbar, etwa nach Erkrankungen, welche die Nase zerstörten. Eine Metall-Nase hingegen war ein Zeichen für Geld und Einfluss.

Bei der Enterdigung von Brahes Skelett im Jahr 1901 fand man seine Metall-Nase nicht mehr, dafür aber Spuren von grün verfärbten Kupfersalzen sowie Zink. Brahes Ersatz-Nase hatte also aus Messing bestanden, und nicht, wie es dreihundert Jahre lang geheißen hatte, und wie es auch heute noch öfter zu lesen ist, aus einem Gemisch von Gold mit Silber. Die Messingnase glänzte aber gewiss schön, eben messingfarben.

Eine ähnlich seltsame, heute fast vergessene Lebens-Spur hinterließ Brahe in der Tierkunde, um die es in diesem Buch ja gehen soll. Im Februar 1591 erhielt der Sternenforscher einen Brief seines Förderers Wilhelm IV. von Hessen-Kassel, genannt *der Weise*. Wilhelm war selbst Astronom. Er hatte von einem Tier namens *Rix* gehört, das aus Norwegen stammen sollte und größer oder schneller als ein Hirsch sei, aber kleinere Hörner oder Geweihe habe. In Kopenhagen und im Tiergarten von Frederiksborg sollten sich solche Tiere aufhalten – ob Brahe wisse, um welche Wesen es sich handeln könne? In seinem eigenen zoologischen Garten in Zapfenburg halte er, Wilhelm, selbst einen Elch, der sich friedlich verhalte. Ob Brahe ihm, falls es sich um Elche handeln sollte, weitere solcher Tiere senden könne?

Brahe war nicht sicher. Er erinnerte sich zwar an ein Rentier, das kürzlich aus Norwegen nach Kopenhagen gesendet, dort aber verstorben war. Sonst hatte er keine Idee, welches

Tier der oder das *Rix* sein könnte. Da Brahe auf seinem Landgut in Skåne, der dänischen Region Schonen, einen jungen, zahmen Elch hielt, sandte er ersatzweise diesen zunächst zu seinen Verwandten in die schwedische Zitadelle Landskrona. Wilhelm versprach ihm im Gegenzug ein Reitpferd, doch Brahe lehnte ab und schrieb, dass er sich einfach einen neuen Elch besorgen werde.

Von der Zitadelle aus sollte Brahes zahmer Elch nach einer Ruhepause für das Tier dann weiter zu Landgraf Wilhelm befördert werden. Wilhelm freute sich, weil alle Rentiere, die er zuvor zu halten versucht hatte, verstorben waren – er vermutete, durch die für Rentiere ungewohnte Hitze.

Der in der Zitadelle eingeschlossene und gelangweilte Elch wurde jedoch zur Belustigung missbraucht. Im Gebäude lebte der Ehemann von Tycho Brahes Nichte. Eines Tages erklomm das Pflegetier eine Treppe und entdeckte dort, O-Ton, »starkes« Bier. Wie genau er an das Bier-Gefäß gelangte, ob das Getränk offen herumstand, ob der Elch von Angestellten oder Brahes Verwandten bei einem Essen mit bierhaltigem Brot gefüttert oder zur Belustigung betrunken gemacht wurde, ist nicht bekannt. Brahes Biograf Pierre Gassendi erwähnt aber ein gemeinsames Essen. Nach diesem stürzte der Elch betrunken dieselbe Treppe herab, die er zuvor erklommen hatte. Dabei brach er sich ein Bein und starb später.

Es war aus vielen Gründen beknackt, einen Elch zu Menschen zu senden, erst recht in ein Haus mit glatten Böden. »Mehr noch als den übrigen Hirschen sind dem Elche Störungen aller Art aufs Tiefste verhaßt«, wusste Alfred Brehm. »Der Elch verlangt unbedingte Ruhe und verläßt eine Gegend, in welcher er wiederholt behelligt wurde. Wo er sich an den Menschen und sein Treiben nach und nach gewöhnt hat, ist er so sorglos und faul, daß er sich kaum rührt, und betätigt oft eigenwillige Widerspenstigkeit oder Störrigkeit, gepaart mit plumper Neugierde, welche auf seine geistigen Befähigungen ein nicht eben günstiges Licht wirft.« Wie wir heute wissen, sind es weniger die Elche, die geistig nicht mitkommen, sondern

deren angebliche Beschützerinnen und Beschützer, wenn sie die Tiere in ungeeignete Umgebungen verfrachten.

Landgraf Wilhelm erhielt übrigens weder den genannten noch sonst einen Elch, denn auch er starb im Jahr nach dem Elchtreppensturz im Alter von sechzig Jahren.

Das war die Geschichte von Brahes betrunkenem Elch. Sie ist fast vergessen, und ich freue mich, sie hier noch einmal vorstellen zu dürfen.

Nebenbei, da wir schon von Sternen sprachen, noch eine Einzelheit für lange Abende. Der weise Wilhelm IV. war Gründer der adeligen Familie Hessen-Kassel. Fast zweihundert Jahre später sandte seine »Linie« während des nordamerikanischen Unabhängigkeits-Krieges 15.000 Söldner auf die dort kämpfende englische Seite. Da viele der Hessen-Kassel'schen Soldaten freiwillig als Überläufer oder unfreiwillig als Gefangene in Amerika blieben, benutzten ältere US-Amerikanerinnen und -Amerikaner den Begriff »die Hessen« für alle deutschen Söldner im Unabhängigkeitskrieg. Die Soldaten nun besaßen hessische Silber-Münzen (Taler), auf deren Rückseite ein Stern zu sehen war – diese Münzen waren das Handgeld ihrer Anwerbung. Der Stern stammte nicht vom Himmel, sondern war der Hausorden der Landgrafschaft Hessen-Kassel.

Diese Taler mit Stern sollten außerdem hessische Familien »entschädigen«, falls ihre Söhne in Amerika starben. Aus den besternten Talern soll später – laut der Brüder Grimm »aus dunkler Erinnerung« niedergeschrieben – das Märchen *Sterntaler* entstanden sein. Darin fallen einem armen Waisenkind, nachdem es sein letztes Brot und seine Kleidung an andere Bedürftige verschenkt hat, die Sterne als Silbertaler vom Nachthimmel. Da die Brüder Grimm ihre Märchen in der Umgebung von Kassel aufschrieben, ist es möglich, dass die soldatischen Taler hier Ideengeber waren. In den Vereinigten Staaten heißen die Sterntaler wegen ihres söldnerischen Zusammenhanges allerdings *Blood Dollars*.

Das war ein weiter Bogen über Jahrhunderte und Wissensfelder. Mir gefällt es, dass das Brüder-Grimm-Märchen *Sterntaler* mit der metallenen Nase des Sternenschauers Tycho Brahe zusammenhängt. Und einem betrunkenen Elch. Prost.

Moment, halt! Wer Denkmäler und Gedenkstätten mag: Am *Glatten Aal*, dem Platz mitten in Rostock, der nach dem gleichnamigen Wirtshaus in Rostock benannt ist, also in der Stadt, in der Brahe studierte, findet sich nicht nur das Bildnis des Astronomen samt seiner metallisch glänzenden Nase. An der südlichen Seite der Volks- und Raiffeisenbank hängt auch eine Sonnenuhr mit Tierkreiszeichen. Die Einweihung dieser Uhr erfolgte an einem Freitag, dem 13., an dem Neumond herrschte. Die geheimnisvolle Zusammenstellung passt, denn Tycho Brahe war zwar ein fantastischer Astronom, aber zugleich megaabergläubisch. So war er beispielsweise überzeugt, dass sein kleinwüchsiger Bediensteter wahrsagen könne. Bei der vormittäglichen Einweihung der Sonnenuhr in Rostock schaute Brahe schon alleine wegen der Kalender- und Mond-Zusammenstellung aus dem Jenseits zu. Beweis: An diesem 13. September 1996 blinzelte die Sonne nur einmal kurz hervor, nämlich genau zur Einweihung der Uhr, danach regierten wieder Wolken. Vermutlich brachte Brahes Geist die Sonnenuhr also ganz offiziell zum Laufen.

Rotbeinige Schinkenkäfer

Zu Beginn meiner Doktorarbeit war ich grün hinter den Ohren. Ich kannte noch nicht einmal den Unterschied zwischen Pistole und Revolver. In meiner Studierenden-Bude in Köln-Nippes gab es keine Heizung. Meinen Laborkittel hatte ich mit einem zweiten, alten zusammengenäht und verlängert, sodass meine Knöchel bedeckt waren, falls etwas heruntertropfte: Es sollte nicht gleich in die Sandalen sickern. So geisterte ich wie Forrest Gump – eine Art modernem Hans im Glück – durch die Welt beziehungsweise das Labor und freute mich über alles, was ich entdeckte.

Vom Erbsubstanz-Labor, einem ehemaligen Affenstall, waren es nur wenige Schritte bis zu den Milchglasscheiben im Untergeschoss des Kölner Institutes für Rechtsmedizin. Dort lagen die Leichen, und so schaute ich mir im November 1995 die Insekten an, die auf ihnen lebten. Außer mir interessierte das niemanden. Es wollte auch niemand zusehen. Oft war ich spätabends oder am Wochenende allein dort, und wenn dem nicht so war, dann hielten die Präparatoren Manfred und Manfred, so heißen die beiden wirklich, Abstand zu allem krabbeligen Zeug. Goldene Zeiten für mich, denn heute »gehören« die Leichen und damit auch deren Madenteppiche, Käfer und Anhaftungen der Staatsanwaltschaft. Damals konnte ich untersuchen, was ich wollte.

Da ich mich eher mit Tintenfischen und Blutegeln auskannte, sammelte ich mit kindlicher Wahllosigkeit ein, was an den Leichen lebte. In Frankreich hatte ich zuvor schon Schmetterlingspuppen eingesammelt, aber erst in Deutschland zu Ende gezüchtet. Eine davon erhielt meine Freundin Sylvie. Das ihr vermachte Tier schlüpfte wirklich aus der Puppenhülle. Wir ließen den frisch entstandenen Schmetterling frei, sobald die Flügel sich gehärtet hatten. Es war zum Heulen romantisch.

Also dachte ich mir, mal sehen, was aus den Larven von Leichen wird. Viele der Tiere verschwanden bei diesen Zuchtversuchen aus meiner Schreibtischschublade, da ich noch lernen musste, wie dünn sich Maden, die Jugendstadien von Fliegen, machen können, wenn sie wegwollen. Und aus einem alten Marmeladenglas mit Watteverschluss wollen und können sie fast immer weg.

Meine Chefin warnte mich mild, aber ernst: Ich sollte erstens niemandem verraten, dass meine Leichenmaden manchmal abhauten, und zweitens, dass das alles im Büro geschehen war. Also dichtete ich meine Gläser künftig besser, aber immer noch luftdurchlässig, ab. Auch Insekten möchten frische Luft atmen. Ich muss allerdings dazu sagen, dass unser Biologinnen- und Biologen-Büro eh nur aus Sperrmüll-Möbeln der Uni bestand – kein Witz.

Eines Tages jedenfalls entdeckte ich am Rand des Watteverschlusses eines Zuchtgefäßes, das ich zusätzlich mit einem Stoffläppchen und einem Gummiring gesichert hatte, zwei Larven. Sie sahen erstens ganz anders aus als Schmeißfliegenlarven, sie hatten nämlich Beinchen. Zweitens waren die Tiere dünner, sozusagen schlanker, und drittens fühlten sie sich so wohl, dass sie nicht wegkrochen, sondern sich verpuppten und mit ihrer Umwandlung zum erwachsenen Tier begannen. Wie aufregend! Ganz sicher konnte ich nicht sein, denn genauso gut hätten die Tiere langsam sterben können: Das Puppen-Stadium, den meisten Menschen als »Kokon« von Schmetterlingen bekannt, ist eine bein- und reglose Zwischenform des Tieres. Tod und Gewebeumbau liegen so nah beieinander, dass man dies von außen nicht unterscheiden kann. Doch ich war überzeugt, dass sich die beiden Tiere absichtlich, also zur Umwandlung, in die enge Lücke zwischen Stoff-Verschluss und Zuchtgefäß gesetzt hatten. Nun hieß es warten.

Vierundfünfzig Tage später staunte ich. Wo sonst grün schillernde, blau metallisch glänzende, karierte – das sind Fleischfliegen – oder schlichtweg schwärzlich bis tiefschwarze Fliegen im Glas geschlüpft waren und summten, saßen diesmal zwei hervorragend anders gestaltete Lebewesen. Sie hatten tiefrote, ins Bräunliche spielende Beine, die sich vom Glitzerblau nebst hauchzartem Grünstich ihrer Körperpanzerung abhoben. Ihre Fühler waren länger als bei Fliegen und verdickten sich zu kleinen Kolben, die wiederum aus Knöpfchen bestanden. Es waren zwei Rotbeinige Schinkenkäfer! Gesammelt hatte ich sie von einer käsig-breiig zerlaufenen Leiche, die an einem Bahndamm gelegen hatte. Im weichen Leichengewebe sprangen außerdem Käsefliegen-Larven herum, die wegen ihres ruckartigen Hüpfens auf englisch *cheese skipper*, Käse-Springer, heißen. In Teilen Südeuropas gelten springende Käsefliegen-Larven als Reifezeichen von Käse und werden – gegen das Verbot der Europäischen Union – mit dem Käse zerdrückt und gegessen. Der Käse heißt Casu Marzu (sardinisch für »verdorbener Käse«), riecht selbst für meine Nase stark und ist wirklich nur etwas für Feinschmeckerinnen und Feinschmecker. Ich kenne einen Käsehändler in Deutschland, der ihn im Keller liegen hat, und die ganze nähere Umgebung seines Ladens riecht auch bei geschlossenen Fenstern und Türen nach Casu Marzu.

Der Kopf der zerlaufenen Leiche war auf den Bahnschienen abgetrennt worden und die Haare wie ein Skalp vom Schädel abgetrennt und vertrocknet. Aus diesen Haaren stammten die Larven der nun geschlüpften Schinkenkäfer. Wie wunderschön die erwachsenen Tiere aussahen! Ihr spanischer Name klingt übrigens fast noch schicker als ›Rotbeiniger Schinkenkäfer‹: *Escarabajo del tocino.* Übersetzt heißt das zwar auch bloß »Schinkenkäfer«, aber hey.

Die Begeisterung für das blaurot schimmernde Tier teilten meine medizinischen Kolleginnen und Kollegen damals nicht. Auch Biologinnen und Biologen sind zurückhaltend, wenn es um das prachtvolle Tier geht. »Häufig in Hafen-Nähe, durch Schiffe eingeschleppt, die Kopra – das ist gepresste Kokosnuss –, Schinken, Felle, Häute, Trockenobst, Käse, Wurst, Mehl liefern«, so steht es unbeeindruckt in Büchern über Vorratsschädlinge. »Die Verpuppung findet entweder im Inneren der Nahrung in einer dünnen Puppenwiege statt oder an trockenen Stellen in weicheren Materialien.« Eine Puppenwiege! Ich hatte also Glück gehabt, dass sich meine Larven unter den Haaren vom Schädel der Leiche befunden hatten, sodass ich sie entdecken und auszüchten konnte. Im Inneren der Leiche hätte ich die Tiere weder gesucht noch gefunden. Ich wusste ja gar nicht, dass es sie gab.

»Neben Räubertum kann auch Kannibalismus auftreten«, meldet eins meiner Lieblingsbücher zu angeblichem »Ungeziefer« (das Wort steht so auf dem Umschlag), »und die Larven und erwachsenen Schinkenkäfer können mehrere Wochen hungern.« Bewundernswerte Tiere also, die unter dem Radar der klassischen Tierbücher fliegen: Nur, wenn sie Vorräte fressen, berichtet jemand über sie.

Heute finden wir Rotbeinige Schinkenkäfer manchmal in Tierfutter-Lagern, und die schönen Tiere verbreiten sich gerade via Europaletten in ganz Europa: Es wird immer wärmer, und die Larven überleben daher nun auch in Zentraleuropa. Früher sah man sie nur in den von uns so genannten Tropen oder Transporten aus der Ferne. »Oft massenhaft auf Schiffen, besonders, wenn sie aus Ost- und Südasien kommen«, hieß es noch vor fünfzehn Jahren. »In Häuten und Fellen, wo der Käfer und seine Larven den Speckkäferlarven nachstellen«, ergänzt Kollege Weidner in seinem Buch, das ebenfalls nur

»Vorratsschädlinge und Hausungeziefer«, aber keine Wunderwesen kennt. Doch die Wahrheit scheint in der kargen Beschreibung durch: Es ist ein Lebensnetz, in dem der eine dem anderen nachjagt, das allgemein bekannte Fressen und Gefressenwerden. Im Kreislauf des Lebens fressen Speckkäfer Tierfelle, die Koprakäfer Schinken und Kokos-Matten oder, wenn sie können, eben auch Speckkäfer oder zerlaufene Menschenleichen. So geht es kreuz und quer milliardenfach weiter.

An ägyptischen Mumien wurden ebenfalls schon Rotbeinige Schinkenkäfer gefunden, und zwar nicht als Getreideräuber, die das fraßen, was den Toten als Wegzehrung für die Reise ins Jenseits mitgegeben worden war, sondern auch bei Mumien-Auswickelungen, die im 19. Jahrhundert schick und teils sogar ein gesellschaftliches Ereignis waren. Die Tiere an ägyptischen Mumien waren dort im Wortsinn Schinkenkäfer. Denn Schinken ist vertrocknetes und damit mumifiziertes Leichengewebe – eine Mumie besteht aus dem, was wir bei Tiergewebe »Schinken« nennen. Anders gesagt: Wenn Sie Schinken essen, essen sie Mumienscheibchen, in aller Regel hergestellt aus vertrockneten Tierbeinmuskeln.

Die Leichen und Vorräte verspeisenden Lebewesen lehren uns etwas. Sobald wir Menschen nicht mehr die Ordnung erzeugen können, die wir gerne hätten – auch der Tod ist nur ein Zustand der Unordnung und Auflösung –, verwerten andere Tierarten das, was wir für unvergänglich halten. Die meisten dieser Tiere sind lange vor den Menschen entstanden. Sie sind oft viel älter als wir, teils zig Millionen von Jahren älter. Diese Tiere wird es noch geben, wenn niemand mehr etwas von Menschen weiß. Leichen- und Vorratsinsekten erlauben uns daher den Blick in eine Welt, die älter, größer, aber auch ausdauernder und besser an das Leben angepasst ist als wir.

Ein weiterer Käfer, die sogenannte Totenuhr, zeigt dazu passend sogar unseren ablaufenden Lebenszeiger an – genauer gesagt, sie macht ihn hörbar. Die vielen kleinen Löcher, die manche aus antiken, nicht gefälschten Holzmöbeln kennen, sind

die Pforten ihrer Fressgänge. Wissenschaftlich heißen die Tiere Nagekäfer. Aus Eiern, die erwachsene Totenuhr-Nagekäfer im leicht rissigen Holz von Möbeln in feuchteren, das hieß früher: nicht geheizten Räumen ablegen, schlüpfen Mini-Totenuhren als Larven. Da die würmchenförmigen Larven ihre gewundenen Gänge nah unter der Holzoberfläche graben – sonst kämen sie am Ende nicht mehr hinaus, denn drehen können sie sich in ihren engen Tünnelchen aus Holz nicht –, glaubte man, die Totenuhren dort so nagen zu hören, wie eine laufende, mechanische Uhr tickt.

Richtiger ist, dass die erwachsenen Männchen der Totenuhr bzw. des *Gescheckten Nagekäfers* mit ihrem harten Kopfpanzer auf das Holz schlagen, um Weibchen zu beeindrucken. Dieses Klopfen hört sich für mich weniger wie eine tickende als eine ziemlich kaputte Uhr an, weil dabei öfter zwei Sekunden unmittelbar hintereinander wegticken. Zudem leben Totenuhren an Holz, das bereits durch Pilze vorgeschädigt ist. Auch hier also mehr Lebenskreis und Nährstoff-Tausch als Endlichkeit des Seins und Todesklänge.

Nicht überall fasste man das Pochen der Totenuhr-Käfer früher als Zeichen des nahenden Todes auf. Im Inntal bedeutete das Klopfen eine baldige Heirat, in Mecklenburg eintretenden Regen. Das waren aber freundliche Ausnahmen. Die Schweizer Kollegen des vielbändigen *Handwörterbuches des deutschen Aberglaubens* berichteten vor etwa hundert Jahren, dass Menschen »überall« an Totenuhren glauben, und zwar eher in ihrer finsteren Bedeutung. Der Name der Tiere war von Ort zu Ort verschieden, aber meist todesbezogen: Totenglocke, Hausschmiedlein, Totenhammer oder Totenchläfeli. Da früher aber auch Schmetterlinge, am Ofen zirpende Grillen, Ameisen, weiße Spinnen, Glühwürmer, Bienenschwärme, Kröten, Hasen auf einer Kreuzung, Hirsche, Gemsen, heulende Hunde, schwarze Katzen, Maulwürfe in der Erde unter dem Krankenzimmer, unruhige Pferde, Fledermäuse, Tauben, Eulen, Raben und Schwalben als Todesboten galten und teils immer noch gelten, ist es vielleicht kein Wunder, dass es auch die Pochkäfer getroffen hat.

Pfeilstörche

Einhörner, Meerjungfrauen und singende Sirenen, die Seefahrer ins Unheil locken, kennen viele. Aber kaum jemand erinnert sich noch an den Pfeilstorch. Das ist komisch, denn den Pfeilstorch gab und gibt es. Die anderen Wesen nicht.

Pfeilstörche sind Weißstörche, deren bekanntester vor zweihundert Jahren gefangen und abgebildet wurde. Er war mit durchstoßenem Leib durch die Luft geflogen, sogar ziemlich weit, wie Sie gleich erfahren werden. Andere Pfeilstörche brüteten mit Pfeil im Leib, und einer war sogar die Vorlage für eine rührende Tiergeschichte.

Der berühmteste Pfeilstorch starb am 21. Mai 1822 an der Ostseeküste in der Nähe von Wismar auf dem Gelände des Gutshauses von Reichsgraf Bothmer. Dort wurde der Storch aus purer Neugier abgeschossen, denn er flog mit einem Pfeil im Körper herum. Dieser Pfeil im Storchkörper war 2 Fuß und 10 Zoll, also insgesamt etwa 85 Zentimeter lang. Die Metallspitze wies nach oben und sah nicht europäisch aus. Zumindest stammte das Holz von einem Gewächs aus der Ferne und die Spitze war durch eine merkwürdige Umwicklung mit Fäden befestigt. Bevor das Tier in Deutschland starb, so der damalige Berichterstatter Heinrich Flörke, Rostocker Professor für Naturgeschichte und Botanik, hatten mehrere andere Störche vergebens versucht, den Pfeilstorch »von dieser schwerlichen Zierde zu befreien«. Allerdings, so Flörke, »kämpften sie auch mit ihm um den Besitz eines Nestes, welches er, dem Vermuthen nach, das verflossene Jahr wegen seiner Wunde nicht hatte erreichen können«. Das heißt: Die Storch-Kumpelinnen und -Kumpels des Pfeilstorches wollten ihrem Freund zwar den Pfeil aus dem Körper ziehen, ihm aber ebenso gerne sein altes Nest abluchsen. Na toll.

Sowohl dem *Freimüthigen Abendblatt* als auch dem Rektor der Universität Rostock, die den dauerhaft hergerichteten Storch erhielt, berichtete Flörke noch im Jahr der Storch-Entdeckung, dass der Pfeil »unten und oben weit aus dem Körper hervor ragt. Da die eiserne Spitze oben eingeklemmt und mit Sehnen an dem Ende des Pfeils befestigt ist, so lässt sich auf ein sehr entferntes Winterquartier schließen, wo dieser Storch den Schuss erhalten hat, der übrigens ihn in sitzender Stellung und ganz von unten getroffen haben muss. Ein edleres Organ ist nicht verletzt, und nur so ist es uns erklärlich, wie der Storch diesen Pfeil ein ganzes Jahr, und das auf seiner weiten Reise, mit sich hat herumführen können.«

Es gab schon vorher Pfeilstörche, und es sollten auch nach dem Rostocker Exemplar noch weitere folgen. In Betuwe in den Niederlanden tauchte im Jahr 1785 ein Storch mit abgebrochenem Pfeil im Körper auf, in Nykjöbing am Limfjord in Jütland fand sich 1823 einer mit einem Pfeil durch den Schenkel und 1838 hatte es einen Storch mit Pfeil im Brustbeinkamm erwischt. Das Tier war damit aus Afrika bis in die Stadt Toruń in Polen geflogen. 1848 steckte einem Storch im damaligen Ostpreußen ein afrikanischer Pfeil im Fuß. Bis 2002 zählte mein Kollege, Zoologieprofessor Ragnar Kinzelbach, vierundzwanzig sauber belegte Fälle von Störchen, die es trotz ihrer Pfeilreste oder ganzer Pfeile im Körper in das europäische Sommerquartier geschafft hatten.

Die Pfeile in und aus den Störchen sahen ganz verschieden

aus. Kein Wunder, fliegen die Störche doch über viele Länder und Pfeil-Kulturen. Ein Storch in Polen – er war im Mai 1934 in Rawicz gefangen worden – hatte beispielsweise einen Pfeil im Hals, dessen Spitze »lanzettlich bis weidenblattähnlich« geformt war und mit der Haut eines Tierschwanzes gegen Aufsplittern des Holzes gesichert worden war. So etwas war spannend, weil Gegenstände aus der Ferne noch selten und die Völkerkunde noch ein Aufsehen erregendes Fach war.

Da es keine Studien zur örtlichen Verteilung der Pfeilspitzen-Arten in Afrika gab – Ausnahme stellte eine Pfeilspitze im Rücken eines Storches aus der Nähe von Sevilla dar, die man im Jahr 1923 den Jägern aus Nguru in Tansania zuordnete –, staunten die Forscherinnen und Forscher nicht nur über die Zähigkeit und, wenn mensch so will, auch über das Glück der Vögel, die die weite Reise bis zu ihrem Abschuss durch europäische Naturfreunde überlebten. Es war noch nicht einmal bekannt, ob Vögel *ohne* Pfeil im Körper so weite Strecken zurücklegen könnten.

Bis Anfang des 19. Jahrhunderts vermuteten die meisten Forscher, dass unsere Störche den Flug aus und nach Afrika aus Kraftgründen, also wegen mangelnder Energie, grundsätzlich nicht durchstehen könnten. Zuvor, im 17. Jahrhundert, meinten die Forscherinnen und Forscher sogar, dass Störche sich im Winter in Mäuse verwandeln. Das sei der Grund, warum die auffällig gefärbten und großen Vögel zu kalten Zeiten nie zu sehen seien.

Schwalben, die ebenfalls Zugvögel sind, sollten in Sümpfen, genauer gesagt unter Wasser im Schlamm überwintern. Das ist zwar falsch, aber nicht völlig verrückt, weil Schwalben, die auf ihren weiten Reisen von Kälte überrascht werden, sich tatsächlich zu Schwalben-Klumpen zusammenhocken und als solche zeitweise erstarren können – »Torpidität« heißt der Fachbegriff dazu. Durch diese Erstarrung sparen die kleinen Vögel Körperkräfte und wärmen sich gegenseitig, so gut es geht. Doch unter Wasser überwintern – das können sie nicht: Auch Schwalben müssen beim Chillen weiteratmen. Da der Streit über die untergetaucht überwinternden Schwalben nicht endete, prüften Kollegen den Sachverhalt im Jahr 1792 experimentell. Ihre Versuche ergaben, dass mit Steinen beschwerte Schwalben unter Wasser sterben und verfaulen.

Die Geschichte von der angeblichen Schlammschwalbenüberwinterung hatte Olaus Magnus, Kartograf und Bischof von Uppsala, im Jahr 1555 in die Welt gesetzt. Sogar der berühmte Biologe Carl von Linné – ich bin wie erwähnt seit einem Vierteljahrhundert Mitglied in der nach ihm benannten, ältesten biologischen Forschungsgesellschaft – glaubte im 18. Jahrhundert noch an die untergetauchte Überwinterung im Schlamm. Als allerdings der zoologische Kollege Carl Jakob Sundevall aus dem Stockholmer Museum für Naturkunde Mitte des 19. Jahrhunderts eine Belohnung für unter Wasser gefangene Schwalben aussetzte, fand sich niemand, der den Preis haben wollte.

Zu dieser Zeit hatte der Vogelkundler und Pfarrer Christian Brehm, Vater des heute bekannteren Herausgebers und Autors des *Thierleben*, Alfred Brehm, schon Informationen über den Zug des Weißstorches zwischen Afrika und Europa zusammengetragen. Das fiel ihm leichter als anderen, da er die Tiere in Afrika selbst gesehen hatte und daher keiner Überzeugungs-Arbeit bedurfte. Christian Brehms Beschreibung des Zugvogels möchte ich zitieren, weil sie so schön und respektvoll ist.

»Der Storch«, so Christian Brehm, »erscheint bei uns zwischen dem zwanzigsten Februar und dem letzten [Tag im] März, und verlässt uns schon Anfang September wieder. Im Gehen sieht er sehr anständig aus; denn seine Schritte sind zwar groß, aber langsam und sehr abgemessen: der Gang spricht den Ernst und die Würde des Vogels aus. In dieser Weise durchwandert er Wiesen und Felder, geht weit in das Getreide hinein, selten aber tief in's Wasser. Nur, wenn die Beute ihm entlaufen will, beschleunigt er seinen Schritt.

Viel schöner als der Gang ist sein Flug. Mit einem Sprunge

erhebt er sich von der platten Erde, streckt den spitzen Schnabel und die langen Beine von sich, breitet die Flügel aus, bewegt sie in mäßig langsamen Schlägen und schwebt dann ruhig davon, oft in herrlichen Schraubenlinien sich wiegend. Unmöglich kann man sich ein schöneres Schauspiel denken, als es eine Storchgesellschaft bietet, welche sich zum Zuge anschickt.

In Ägypten, Nubien und dem Innern Afrikas habe ich oft Gesellschaften von Tausenden vereinigt gesehen und sie häufig im Fluge beobachtet. Der ganze Himmel scheint durch die Störche belebt worden zu sein. So wirbelt und schwebt die ganze Gesellschaft rasch dahin, ohne in irgendeiner Weise eine Regung zu verraten, und erweckt in dem Menschen alle Gedanken der Sehnsucht nach solcher köstlicher Bewegung.

Wie schnell sie wandern, habe ich vielfach erfahren. Sie erschienen im Inneren Afrikas fast zu derselben Zeit, in welcher sie von Deutschland aufgebrochen waren.«

Wir sehen: Brehm mochte Vögel, besonders die Störche. Und er reiste lieber forschend und beobachtend, anstatt Vögel zu ertränken.

Es gibt viele weitere Erzählungen zum Storch, die zunächst unglaublich zu sein scheinen – wie der weite Zug von Kontinent zu Kontinent. Dazu zählt das so genannte Storch-Gericht. Die Störche versammeln sich vor dem Zug nach Afrika und entscheiden dann, wer für die lange Reise geeignet ist und wer nicht. Falsch ist diese Fabel nicht, denn tatsächlich sorgen gesündere Tiere in großen Storch-Versammlungen dafür, dass ihre schwächeren Artgenossen den Vogelzug gar nicht erst antreten, indem sie diese hart mobben.

Besonders schön sind die heute vergessenen, früher aber weit verbreiteten Berichte über Freundschaften oder freundschaftliche Nachbarschaften zwischen Störchen und Menschen. Es ist beispielsweise nicht lange her, dass Menschen auf ihren Dächern noch Wagenräder angebracht haben, um Störche als – noch einmal mit den Worten von Brehm senior – »Freund von Jung und Alt und lieben Gast wie ein lang vermisstes Mitglied der Familie« zum Nestbau am eigenen Haus einzuladen. Die waagerechten Räder verwendeten die Störche natürlich gerne als Nistplatz – sofern sie sich eben mit den Besitzern des Hauses »anfreunden« konnten. Oft genug taten sie es. Die Tiere hielten zwar immer Abstand, aber sie regten sich nicht über das Treiben der Menschen auf und kamen Jahr für Jahr wieder.

Aus dieser, vielleicht auch eingebildeten, Nähe stammt eine Geschichte, die schon in Conrad Gesners Vogelbuch aus dem Jahr 1600 überliefert ist und oft weiterberichtet wurde. In einer »Reichsstadt im oberen Westfalen« soll jahrelang ein Storch genistet haben, der sich im Frühling bei seiner Ankunft sowie im Herbst stets zwei Tage vor seinem Abflug auf der Türschwelle »mit klopfendem Schnabel als gegenwärtig erzeigte«. Als der Vogel eines Herbstes besonders lebendig herumflog, der Hausbesitzer sich deswegen freute und den Vogel ansprach, zog der Storch »eine schöne, frische und grüne Imberwurzel [Ingwerwurzel] aus seinem langen Hals, [legte sie] dem Wirt vor die Füß und klopfte sehr mit seinem Schnabel als zu einem Zeichen der Treue und Dankbarkeit«.

Es war bekannt, dass Ingwer nur »warm und jenseits dem Meer« gedieh. Daher sah Gesner im vom Storch geschenkten Ingwer nicht nur einen Beweis für die »kindliche Treue« des Tieres, sondern auch für eine mögliche weite Flugreise. Manche Kolleginnen und Kollegen vermuten wie ich, dass der Storch ein teils aufgelöstes Stück Holz aus seinem Körper entfernt hatte ... vielleicht ein abgebrochener Teil eines Pfeiles? Denn wie Ingwer aussah, wusste in Westfalen vermutlich kaum jemand.

An der Treue des Tieres und dem guten Einverständnis zwischen Mensch und Storch zweifle ich hingegen nicht. Solange wir zu freien und wilden Tieren genügend Abstand halten, können sie durchaus auch nett zu uns sein.

Das Wagenrad der Zeit hat sich weitergedreht. Heute kennt kaum noch jemand Weißstörche aus eigener Anschauung, und noch viel weniger deren schwarze Verwandte, die Schwarzstörche. Die leben verborgen und tief in alten Wäldern. Glauben Sie nicht? Nun, das ist eine andere Geschichte, und die erzähle ich dann im nächsten *Thierbuch*.

Nekrophile Enten

Am 5. Juni 1995, abends um fünf vor sechs, knallte eine Ente mitten im Flug gegen die Glaswand des Naturkundemuseums in Rotterdam. »Eine Taube schloss ich aus«, berichtet mein Kollege, Ohrenzeuge und Vogelspezialist Kees Moeliker, »denn die flattern eher gegen Fensterscheiben, sie donnern aber nicht dagegen. Eine Amsel war es eher auch nicht, denn die scheidet beim Aufschlag mit einem kurzen und hellen ›Tock‹ aus dem Leben.« Moeliker kennt die Geräusche, weil sein Museums-Fenster trotz der aufgeklebten Raubvogel-Schatten öfters im Flugweg unserer gefiederten Freunde steht. Entsprechend häufig versterben Tiere an der Glasfront. »Ich trauerte nicht darüber«, erinnert sich Moeliker, »sondern betrachtete es als Geschenk, um unsere Sammlung zu erweitern.«

Zwei Meter Bodenlinie trennten den frisch verstorbenen Erpel, der mitten in der Mauser gewesen war, nach seinem tödlichen Aufprall vom Museum. Bevor Kees die Treppe hinabgelangte und sich der Vogel-Leiche nähern konnte, war eine im Prachtkleid befederte, zweite und ebenfalls männliche Ente herangeflogen. Nachdem die lebende Ente erst zwei Minuten lang mit ihrem Schnabel auf die andere, tote männliche

Ente gehackt hatte, stieg sie auf das leblose Tier und paarte sich mit ihm. »Dass es so etwas bei Enten gibt, war mir zuvor nicht bewusst«, berichtete der erstaunte Vogelkundler. »Nach 35 Minuten schienen die immer weiter andauernden Pick- und Geschlechtsverkehrs-Bewegungen vorbei zu sein. Doch mitnichten: Das lebende Männchen legte nur eine dreiminütige Pause ein, schüttelte den Schwanz als Zeichen eines Samenergusses und dann ging es weiter.

Nach 75 Minuten hatte ich genug gesehen. Denn zum einen bekam ich Hunger und zweitens musste ich um 19:30 Uhr die Alarmanlage des Museums einschalten.« Moeliker schnappte sich die tote Ente, legte sie in die Kühltruhe und staunte, dass der lebende Sexpartner sich weiter am Fundort herumtrieb. Heute liegt das nach seinem Tod zum Sex verwendete Tier ordentlich hergerichtet unter der Katalognummer NMR 9989-000232 im Rotterdamer Naturkundemuseum.

Dieser erste beobachtete Fall von gleichgeschlechtlichem Sex mit einer Enten-Leiche bestimmt nach seiner wissenschaftlichen Fachveröffentlichung im Jahr 2001 Teile von Kees' Berufsleben. Im Jahr 2003 verliehen wir ihm den Ig-Nobelpreis für kuriose Forschungen im Fach Biologie. Seit 2008 findet der »Tote-Enten-Tag« des Museums, zuvor eher ein Scherz unter Mitarbeiterinnen und Mitarbeitern, öffentlich statt, und seit 2015 ist Kees Leiter des Rotterdamer Museums. Dort sammelt er nicht nur tote Enten, sondern auch Läuse, Spinnen, Fledermäuse, Echsen und Entenhoden.

Auf die Frage des Journalisten Urs Willmann von der *Zeit*, »warum man sich mit jemandem unterhalten soll, der Filzläuse sammelt, geköpfte Tauben, Spatzenhoden oder Vogelnester aus Plastikmüll«, antwortete Kees, dass »es unzählige Naturbücher gibt. Die Natur, die man dort findet, ist rundum seriös. Aber viel Spannendes wird darin ausgelassen.« Genauso ist es.

Eine der spannenden Tatsachen, die sich in typischen Naturbüchern nicht findet, ist beispielsweise die Frage, warum Enten-Penisse so auffällig lang und um die Längsachse verdreht sind. Die Lösung verrate ich gleich.

Etwas anderes aber nicht: Warum Enten, anders als viele Vögel, die ihre Geschlechtsöffnungen sonst beim so genannten »Kloakenkuss« aneinanderdrücken, überhaupt einen Penis haben (die Körperöffnung für Kot, Urin und Sex heißt bei Vögeln fachlich *Kloake*). Die Antwort darauf lasse ich ausnahmsweise als Cliffhanger hier stehen. Viel Spaß beim Grübeln oder googeln heute Nacht.

Zurück zur Sache. Den längsten Enten-Penis hat die Argentinische Ruderente: Er misst gestreckt über vierzig Zentimeter. Bei den Stockerpeln, von denen Kees einen beim Totensex beobachtet hatte, sind es zwanzig Zentimeter – eine zunächst unverständliche Größe, wenn man die Gesamtlänge einer Ente bedenkt. Nach der Brutzeit schrumpft der Enten-Penis stark und bildet sich erst im nächsten Jahr wieder zu voller Größe aus.

Im Jahr 2007 wurde zumindest bekannt, welchen Sinn die schraubige Form von Enten-Penissen hat: Es liegt am Zusammenspiel des Penis mit der Vagina weiblicher Enten, die einen im Uhrzeigersinn gedrehten Schlauch mit Sackgassen bildet. Möchte das Enten-Weibchen nicht vom betreffenden Männchen befruchtet werden, der Geschlechtsverkehr findet aber als Vergewaltigung statt, so kann das Weibchen als letzte Maßnahme das Sperma in einen Seitengang ihrer Vagina leiten. Das unerwünschte Ejakulat wird von dort ausgeschieden und abgebaut. Die besten Chancen für einvernehmlichen Sex mit heterosexuellen Enten-Damen haben übrigens Enten-Männchen mit den am schönsten gelb gefärbten Schnäbeln. Leider ist der Sex bei Enten aber nicht immer einvernehmlich.

Eine kurze Anmerkung zu der mit Nekrophilie grundsätzlich nicht verbundenen, im Fall von Kees' Beobachtung aber ausnahmsweise zusammen auftretenden Gleichgeschlechtlichkeit: Es gibt immer wieder schwubilesbische Tiere, wie auch unsere Abbildung auf Seite 91 veranschaulichen soll.

Ein bekanntes Beispiel dafür sind die Zügelpinguine Silo und Roy aus dem Zoologischen Garten im Central Park in Manhattan. Da die beiden flirteten und als Paar lebten, gaben ihnen die korrekten Pfleger ein überzähliges, echtes Pinguin-Ei zum Ausbrüten. Heraus schlüpfte Tango, der wie seine Eltern zum Zeitpunkt dieser Niederschrift noch lebt. Die schöne Geschichte ist im Kinderbuch *And Tango Makes Three* festgehalten, das im Jahr 2005 erschienen ist und viele Buchpreise erhalten hat. Es ist wirklich super gezeichnet und getextet; ich möchte es hier gerne empfehlen.

Diese Meinung hat nicht jede und nicht jeder – in Singapur wurde das Buch über Tango, Kind zweier schwuler Pinguine, auf Geheiß der staatlichen Bibliotheksaufsicht nicht nur aus allen 26 Bibliotheken Singapurs entfernt, sondern auch zerstört. Ein weiteres Buch, in dem ein lesbisches Tier-Paar vorkommt, heißt *The White Swan Express: A Story About Adoption* und flog gleich mit aus den Büchereien Singapurs. Der bis 2018 als Mitteilungs- und Informationsminister tätige Ibrahim Yaacob begründete die Buch-Rauswürfe nebst Zerstörung damit, dass die in den Büchern mit schwulen und lesbischen Tieren dargestellten »Familien-Entwürfe nicht traditionell« seien. Ich frage mich, ab wann etwas »traditionell« ist, wenn es Hunderttausende von Jahren Entwicklungsgeschichte des Lebens nicht sind. Gleichgeschlechtlichkeit kommt bei Mensch und Tier schließlich zu einem stets gleich bleibenden Anteil vor. Die Natur hat Gleichgeschlechtlichkeit erfunden, und sie hat sich bewährt – sonst gäbe es sie nicht mehr. Nichts ist also traditioneller, normaler und natürlicher als angeblich alternative Beziehungsformen.

Natürlich schaffen es nicht alle schwulen Tiere in Bücher. Im Allwetterzoo in Münster lebten vor zehn Jahren zwei schwule Vögel, die Geier Guido und Detlef. Die katholische Grundstimmung in der Stadt in Westfalen ließ hier aber kein Happy End wie im New Yorker Central Park bei Silo und Roy zu. Weil die schwulen Geier aus Münster sich schon seit ihrer Jugend kannten, vermuteten die Kolleginnen und Kolle-

gen im Zoo, dass die beiden bloß Liebhaber aus Gewohnheit und demnach Liebende zweiter Klasse seien. Sie sollten daher auf hetero umgepolt werden. Seltsam, denn Guido und Detlef hatten sich sogar schon ein Nest gebaut und damit das Höchstmaß an Gemeinsamkeit gezeigt. Doch der Zoo wusste es besser und beschloss, dass »der eine Vogel in einen tschechischen Zoo geht und bei uns durch ein junges Weibchen ersetzt wird. Dann hoffen wir, dass sich der Partner umorientiert und auch für Nachwuchs sorgt. Denn beide Tiere sind sehr fürsorglich und wären auch gute Väter«, so die offizielle Stellungnahme.

Die beiden schwulen Geier wurden im Jahr 2010 für immer getrennt, obwohl sie sich bereits vierzehn Jahre kannten und acht Monate als Paar gelebt hatten. Ein weiblicher Geier aus Ostrava, nahe der polnischen Grenze, kam als Austauschgeier nach Münster, und einer der schwulen Geier aus Münster musste in einen Zoo in der Tschechischen Republik.

Mir stehen bei solchen Eingriffen in die Natur alle Federn beziehungsweise Haare zu Berge. Auch im Zoo Münster gab es Proteste wegen der erzwungenen Geierpaar-Trennung. Doch es half nichts.

Ebenfalls zwangsgetrennt wurden im Jahr 2005 drei schwule Pinguinpaare aus dem Zoologischen Garten in Bremerhaven. Die sechs Humboldt-Pinguine wollten aber trotzdem nicht hetero leben. Als noch nicht einmal eigens aus Schweden hinzugezogene Pinguindamen das sexuelle Interesse zweier der schwulen Pinguine erregen konnten, ließ man sie fortan wenigstens Steine bebrüten.

Der Wunsch nach Zootieren, die hetero sein müssen, ist rätselhaft. Weit über hundert Vogelarten bilden gleichgeschlechtliche Paare. Vor allem Arten, die wenig monogam sind, sind häufiger homosexuell, besonders Männchen. Der Fortpflanzungs-Erfolg der Gruppe sinkt dadurch nicht – nur, falls es Leserinnen oder Leser geben sollte, die sich Sorgen um den Nachwuchs gleichgeschlechtlicher Paare machen.

Denn so wie queere, schwule, lesbische, hetero-, bi- und transsexuelle Menschen sich Kinder wünschen, haben auch die entsprechend interessierten Tier-Paare in der Natur stets genügend Nachkommen. Entweder paaren sie sich auch außerhalb ihrer sexuellen Gewohnheiten, wenn die Weibchen den Großteil der Brutpflege durchführen, oder sie unterstützen die Gruppe auf andere Weise und werden Pflegeeltern.

Dass schwule Vögel in Zoos öfter nicht erwünscht sind, zeigt, dass auch Zoologinnen und Zoologen verbohrt und hartherzig sein können. Es bedeutet aber auch, dass Menschen nicht wahrnehmen möchten, was ihnen ganz natürlich vor Augen steht: Hetero sind die meisten Wirbeltiere, aber alle anderen Partnerschafts-Vorlieben gibt es genauso oft. Kein Grund zur Aufregung.

Kommen wir zum Abschluss noch einmal zu Sex mit Toten. Es gibt, wie schon geschrieben, null Zusammenhang zwischen der Hinwendung zu Männchen oder Weibchen und dem Wunsch, mit toten Artgenossen zu verkehren. Sexuelle Totenkontakte gibt es bei schwulen Enten genauso wie bei bei Hetero-Tieren. Neben Pinguinen und Menschen wurden auch heterosexuelle Löwen, Strumpfbandnattern, Grasfrösche, Unken, Laubfrösche, Kröten, Erdhörnchen, Schienenechsen, Leguanartige und Felsentauben beim Leichensex beobachtet. Und das sind nur die in Fachveröffentlichungen berichteten Fälle. Häufig genug finden Sex und Tod nicht dort statt, wo Beobachterinnen und Beobachter gerade mitschreiben.

Bis Ende des letzten Jahrhunderts war es zudem nicht üblich, über Abweichler vom angeblich »normalen« Verhalten zu berichten. Hin und wieder trauten die Kolleginnen und Kollegen zwar ihren Augen nicht, wenn sie nekrophile Handlungen bei Tieren erblickten. Oft filterten sie aber das Beobachtete weg, oder sie notierten es verborgen in ihre Tagebücher. Beobachtungen zu Homosexualität oder Leichensex – noch einmal: Beides hat nichts miteinander zu tun, kann aber zufällig gemeinsam auftreten – wurden teils erst später in Niederschriften entdeckt oder von Studierenden bei Vorträgen der Forscherinnen und Forscher herausgehört und erst dann niedergeschrieben.

Nun ist Homosexualität in aufgeklärten Kreisen so normal wie Atmen und Gehen. Seit einigen Jahren ist auch endlich die Ehe für alle rechtswirksam. Doch wie sieht es mit Ihrer Einstellung zu Leichensex aus? Würden Sie beispielsweise Sex zwischen einem Menschen und einer menschlichen Leiche gutheißen? Wohl kaum.

Und doch erreichte mich im Jahr 2008 eine Anfrage meines rechtsmedizinischen Kollegen Anil Aggrawal aus Indien. Er betreibt eine eigene forensische Zeitschrift, und wir haben uns auch schon einmal in Mumbai, dem ehemaligen Bombay, bei einem Kongress getroffen. Es dauerte einen Moment, bis ich Anils Bitte verstanden hatte: Was, so fragte mich mein Kollege, spräche sachlich – also nicht gefühlsmäßig – dagegen, wenn ein Mensch mit den herausgetrennten Geschlechtsorganen einer Person, die keine Freundinnen, Freunde oder Bekannte hat, sexuelle Handlungen durchführte? Niemand bemerkt etwas, keine Lebende und kein Lebender wird gestört. Oje.

Ich wand mich aus der sozial und kulturell etwas kniffeligen Frage heraus. An den Grenzen des Rechts ist es vermutlich bloß eine Frage des Zufalls, ob ein Mensch beim Leichensex entdeckt wird und wenn, in welchem Land das passiert. In anderen Ländern herrschen andere und voneinander abweichende Rechtsregeln, und ich bin kein Rechtskundler. Also schrieb ich in meinem Gast-Beitrag für Anils *Internet Journal of Forensic Medicine and Toxicology*, dass ich ein Freund von klarem Einverständnis sei. Da eine Leiche aber nicht einwilligen könne, und da Anil mich nicht gefragt hatte, was ich im Falle eines Testamentes, das Sex nach dem Tode erlaubte, denken würde, war ich aus der Nummer raus. »Im Reich der Fantasie«, so ergänzte ich noch auf Englisch, »ist ja einiges möglich. Vielleicht genügt manchmal auch die Vorstellung.« Uff!

Damit haben Sie es fast geschafft. Wir kehren nur noch einmal zurück zu unserem homosexuellen Erpel, der in Rotterdam Sex mit einem toten Enterich hatte. Die vogelkundliche Beobachtung regte nämlich den englischen Komponisten und Musiker Dan Gillingwater an, zusammen mit Kees Moeliker, dem Chef des Rotterdamer Naturkundemuseums, eine Oper zu schreiben. Sie heißt *The Homosexual Necrophiliac Duck Opera* und wurde am 8. und 9. August 2015 beim Tête-à-Tête-Opern-Festival im Kings Place mitten in London uraufgeführt – nahe dem aus *Harry Potter* berühmten Bahnhof King's Cross. Am 24. Juni 2016 gab es eine weitere Aufführung der Oper im prachtvollen Naturkundemuseum von London. Komponist Gillingwater und Vogelkundler Moeliker, beide sowohl dem Wortwitz als auch eigentümlichem Humor zugeneigt, ließen als Ankündigung eine tote Stockente aufs Poster drucken und schrieben dazu in fetten Lettern: *Rape! Death! Feathers!* Die Londoner *Times* schrieb zurückhaltend, wenn nicht gar schmallippig: »Eine Oper, die einige Federn zerraufen wird« – ein Wortspiel: *to ruffle feathers*, steht im Englischen für: »jemanden verärgern«, denn *rape*, also Vergewaltigungen, kommen bei Enten wie schon angedeutet häufiger vor, und Sex mit Toten finden ebenfalls nur wenige operngeeignet. Musiker Gillingwater beschreibt seine Oper als *Kunst mit einem Klarinetten-Quintett-Kern*. Er findet, dass sie an die Musik des Komponisten Georg Friedrich Händel erinnert.

Das alles war Ihnen jetzt vielleicht ein bisschen zu viel oder zu unheimlich. Doch bedenken Sie: Das meiste, vor dem wir uns fürchten, sind kulturelle Tabus, die in der einen Region gelten, in der anderen aber nicht. Manche finden beispielsweise den Verzehr von Pferdefleisch oder von Grashüpfern unangenehm – andere finden es normal.

Um besser mit unserer Umwelt klarzukommen, schieben wir daher Ungewohntes, Gewalt, Sex und Handlungen mit Toten sowie grundsätzlich uns merkwürdig erscheinende Verhaltensweisen in andere Kulturen (Menschenfresser!) oder die Welt der Tiere (Bestien!). Doch tatsächlich möchten wir einfach nicht weiter nachdenken und uns stattdessen vormachen, wir Menschen (oder unsere Menschengruppe) seien besser, schöner oder edler als der Rest der Welt – vor allem besser als Tiere.

Doch seit wir Tiere so testen, dass die Versuchsergebnisse aussagekräftig sind, und seit wir sie auch dann beobachten, wenn es uns innerlich weh tut, sehen wir im Reich der »Thiere« viel Liebenswertes, schöne Denkleistungen, aber auch Mord und sexuelle Handlungen, die uns auch bei Menschen nicht gefallen. Dass wir diese Übereinstimmungen zwischen »uns« und Tieren nicht wahrhaben wollen, ändert nichts daran: Tiere sind wie Menschen. Menschen wie Tiere. Auch der Mensch ist biologisch gesehen ein Tier. Gefiederte, beborstete, behufte oder pelzige Lebewesen sind nicht besser oder schlechter als wir und wir nicht anders als sie. Meist sind Tiere noch nicht einmal so fremd, wie manche es sich und anderen vormachen. Der wichtigste Grund, um den künstlichen Unterschied zwischen Mensch und Tier zu behaupten, ist, dass wir die Tierwelt möglichst ungestört ausbeuten möchten. Wer anders ist, der gehört nicht zu uns. Doch was, wenn die anderen gar nicht anders sind?

Haustiere, die Menschen essen

Sex mit toten Enten ist die eine Sache. Aber Haustiere, die ihre Herrchen und Frauchen vertilgen? Müssten unsere treuen Freundinnen und Freunde nicht trauernd neben uns verhungern, nachdem wir verstorben sind, falls die Bude verschlossen ist und Fido, Minka, Baldo und Curly nicht ins Freie gelangen, um sich selbst durchzuschlagen? Sollten sie nicht eigentlich durch Bellen, Miauen, Pfotenklackern am Fenster sogar Hilfe holen und so ihre Dankbarkeit für unsere lebenslange Zuwendung und Güte zeigen?

Sollten sie vielleicht, tun sie aber nicht. Meine rechtsmedizinischen Kollegen Markus Rothschild und Volkmar Schneider aus Berlin waren dabei anfangs noch nachsichtig. Als ein »Elsässer«, also ein Schäferhund, das Gesicht seines soeben verstorbenen, menschlichen Mitbewohners abgefressen hatte, tippten sie auf ein Übersprungs-Verhalten des Hundes, der sein Herrchen eigentlich nur wecken wollte. Der Besitzer des Hundes hatte sich mit einem Schuss in den Mund getötet – der Kopf zeigte entsprechende Zerstörungen, die nicht von Bissen stammten. Eine Dreiviertelstunde nach dem Schuss wurde die Leiche des Mannes gefunden. Da hatte der Hund bereits die typischen Hundefraß-Abbisse erzeugt. Sie sehen anders aus als die gut untersuchten Wunden nach Schussverletzungen – Verwechslung nicht möglich. Eine Schüssel mit Hundefutter hatte das Tier verschmäht.

So kamen meine Kollegen auf den Gedanken, dass der Hund wohl keinen Hunger gehabt hatte, als er den Schädel seines Herrchens fraß, sondern seinen Menschen ursprünglich wecken wollte, indem er ihm das Gesicht leckte. Das freundlich gemeinte Lecken und Wecken sei dann aber ins Fressen übergeschlagen. Denn dass der Hund das Menschen-Gewebe seines Herrchens wirklich gefressen hatte und – auch wenn uns das besser gefiele – keine Verwechslung zwischen Schuss und Spuren des Hunde-Fraßes vorlag, zeigte sich wenig später im Polizei-Bus. Dort erbrach sich der Schäferhund, und die Gesichts-Teile des einunddreißig Jahre alt gewordenen Hundebesitzers gelangten wieder ans Tageslicht.

Das ist kein Einzelfall. Im Literaturverzeichnis dieses Buches habe ich fast zwanzig Fachveröffentlichungen zusammengestellt, falls es Sie nach Fotos und Belegen dürstet. Dort verspeisen Haustiere ihre toten Herrchen und Frauchen meist teils, manchmal aber auch ganz. Die Liste der herrchen- und frauchenfressenden Haustiere reicht von Hunden und Katzen über Mäuse und Ratten bis zu Frettchen und Hamstern. Sie alle wollen vermutlich nicht nur ihre Menschen wecken, sondern überleben. Und dazu benötigen die Tiere Kalorien. Dass sie auch nach dem Tod ihrer menschlichen Chefs und Chefinnen noch gehemmt sind, zeigt sich zumindest bei Hunden und Katzen daran, dass sie oft wirklich die Körper-Bereiche abnagen, die sie beim lebenden Menschen sonst ablecken würden. Das heißt, Hunde beknabbern gerne Gesicht, Schädel und Hände ihres nun toten Menschen. Der menschliche Kopf löst sich dabei regelmäßig vom Rumpf und liegt dann an ungewöhnlichen Stellen in der Wohnung. Katzen bevorzugen weichere Stellen, nämlich die menschlichen Lippen, und Nagetiere versuchen sich an den Ohrläppchen.

Auch Haustiere im weiteren Sinne wollen sich die wertvollen Kalorien – die Grundwährung allen Handelns auf der Erde – nicht entgehen lassen, die eine große Leiche als Körperfette, Muskeln und Haut enthält.

Auch Mineralstoffe sind interessant, wie der putzigste Fall aus jüngerer Zeit zeigt. Eine Weißwedelhirschkuh nagte da im Januar 2015 zum Erstaunen meiner texanischen Kolleginnen (und eines Kollegen; Männer sind in unserem Fach selten) auf einem Menschenleichenforschungsgelände an Menschenknochen. Eine Wild-Kamera hatte das Hirschweibchen erwischt. Auf dem Foto schaut es unschuldig wie Bambi drein, direkt in die Kamera, samt Menschenrippe im Maul. In diesem Moment hatte die Leiche schon ein halbes Jahr im Freien gelegen und war, abgesehen von den Knochen, zerfallen und aufgelöst. Wahrscheinlich nutzen viele Tiere, die uns als Pflanzenfresser bekannt sind, trockene Knochen als Kalzium-Quelle. Meist bemerken wir es nicht, aber wenn sich Forscherinnen und Forscher auf Lauer legen, sehen sie, dass auch vegan erscheinende Tiere heimlich Fleisch und Eier fressen, um an bestimmte Nährstoffe zu gelangen. Keine Sorge, Kaninchen und Rehe kommen nicht in Ihre Wohnung, um Ihre kalziumreichen Knochen zu fressen. Sie sind ja noch nicht skelettiert.

Kleintierliches Fressen ist in Wohnungen häufiger zu sehen, zumindest in meinem Beruf. Auch vor mir lag schon eine Leiche auf der heimischen Couch (nicht meiner, sondern der des Herrchens), dessen kleiner Hund die Knochen des Gesichtes sowie – ganz sauber und vorsichtig – der Hände seines Menschen, eines vereinsamten Alkoholikers, nach dem Tod frei gefressen hatte.

Es muss aber nicht immer so ordentlich ablaufen. Wenn Hunde an männliche Geschlechtsorgane kommen, wozu sie gegebenenfalls auch die Unterhose in kleine Teile zerlegen, fressen sie auch Penis und Hodensack. Die letzten veröffentlichten Beispiele stammen aus dem Jahr 2002 in Genf und

2008 aus Brandenburg. Die meisten Fachzeitschriften drucken ungern Einzelfallberichte. Daher ist die Dunkelziffer garantiert hoch, es gibt also sicher viel mehr Fälle, bei denen Haustiere ihre toten Menschen und deren Geschlechtsorgane fressen.

Wo Hunde am Werk sind, kommt es immer wieder zur Abtrennung von Armen und, wie erwähnt, des Kopfes der Menschenleichen. Da aber auch menschliche Täterinnen und Täter so genannte »defensive Leichenzerstückelungen« durchführen, das heißt die tote Person aus Transportgründen zerlegen, ist die Unterscheidung zwischen kaninem und menschlichem Zerstückler kriminalistisch entscheidend. Mein rechtsmedizinischer Kollege Michael Tsokos, heute Chef der Rechtsmedizin in Berlin, berichtet beispielsweise von Löchern in einer vierzig Jahre alt gewordenen Frau, die wie Messerstiche aussahen. Verursacht waren sie von den Reißzähnen ihres Pitbulls. Die Form der Wundränder, heute öfters auch Abrieb und genetischer Fingerabdruck, beweisen dabei, wer die Verletzung bewirkt hat.

Sind Hunde mehrere Wochen lang mit einem toten Menschen eingeschlossen, dann können sie die Leiche auch bis auf die Knochen abfressen, also skelettieren, oder die Gebeine manchmal auch in fingergroße Splitter zerlegen. So geschehen im Februar 2006 durch einen Labrador und einen Chow, die eine bis höchstens drei Wochen mit ihrem toten Besitzer in einem Haus im Staat New York verbracht hatten. Zuerst zerlegten die beiden Hunde Säcke mit Hundefutter. Doch als die Nahrungs-Quelle sich dem Ende zuneigte, fraßen sie ihr Herrchen. In seinen knöchernen Menschen-Schädel nagten sie ein größeres Loch, vermutlich, um an das Gehirn zu gelangen. Die restlichen Knochen des da schon skelettierten Mannes zerknackten sie, um das energiereiche Knochenmark zu fressen.

Katzen als Leichenschmauser verspeisen, wie schon angedeutet, oft nur die Lippen ihrer toten Herrchen und Frauchen. Diese weichen Körperstellen sind für Sie angenehmer zu fressen. Sogar meine Fauch-Schaben sind wählerisch, wenn sie können,

und fressen zunächst nur samtweiche Blüten, bevor sie Stiele und Stängel verzehren. So weit also nichts Besonderes.

Manchmal fressen Katzen aber auch Schultern und das Weiche der Arme ihrer einstigen Beschützerinnen und Beschützer. Auch bei Katzen kommt es darauf an, wie lange sie mit einer Menschenleiche eingeschlossen sind und wie groß, abhängig von der verstrichenen Zeit, ihr Hunger und Nährstoffmangel wird.

Seit dem Jahr 2019 bin ich Pate fünfer »Vampirkatzen«. Sie landeten in einem Kölner Tierheim, nachdem ihr Herrchen verstorben war. Den mit der Leiche eingeschlossenen Tieren blieb nichts anderes übrig, als sich von dem zu ernähren, was da war – sonst wären sie verhungert und verdurstet. Die Tiere taufte ich im Tierheim auf die Namen Vlad der Jüngere, Vlad der Ältere, Vladiana, Carmilla und Lilith. Mich erinnerten die zauberhaften Tiere an Wiedergänger, die nun ihr zweites Leben beginnen konnten. Eine Portion Blut hatte ihnen sozusagen über finstere Zeiten geholfen. Da das Tierheim die fast verhungerte Katzenschicksalsgemeinschaft nicht trennen wollte, dauerte es mehrere Monate, bis sie nach einer Zahn-, Darm- und Dünndarm-Parasiten-Kur liebevolle Aufnahme bei neuen Katzeneltern fanden. Ich habe noch nie im Leben so freundliche und zugewandte Katzen gesehen wie diese fünf.

Geht es um Leichenfraß, dann ist der Lieblingsfall aller forensischen Arbeiterinnen und Arbeiter aber der eines frei laufend gehaltenen Goldhamsters. Dass er und nicht ein Mörder oder ein großes Tier im Jahr 1994 die 43 Jahre alt gewordene Frau und Hamsterbesitzerin bearbeitet hatte, zeigte sich an den Spuren der Hamster-Zähne an ihrer Leiche. Die Frau war unterhalb der Gürtellinie nackt und ihre Beine gespreizt; diesen Bereich rührte der Hamster nicht an, zumindest nicht großflächig. Er beschränkte sich, wie eben auch Katzen kurz nach dem Tod ihres Menschen, auf das Gesicht der Toten sowie auf mehrere etwa fingernagelgroße Stellen, aus denen der Hamster Haut, Körperfett und Muskeln der Frauenleiche nagte.

Bevor Sie danach fragen: Natürlich fressen auch Ratten menschliche Leichen. In einer großen, neuen Studie, mit zehn Fällen aus Lille in Frankreich, einunddreißig aus dem *New York City Office of Chief Medical Examiner*, wo ich früher als Biologe gearbeitet habe, und zweiundzwanzig aus Fachzeitschriften, ermittelten meine französischen Kolleginnen und Kollegen, dass Ratten in drei Viertel der Fälle Gesicht, Augenlider und Mund der toten Menschen gefressen hatten, in fast der Hälfte der Fälle auch den Hals benagten, aber in weniger als je einem Drittel der Leichenverspeisungen Hände und Schultern fraßen. Einschränkung: Die Studie untersuchte nur Fälle mit Ratten in Wohnungen, nicht draußen.

Liegen menschliche Leichen hingegen im Freien, dann nagen Ratten anders, nämlich lieber am Körperstamm als am Kopf der Toten. Die Gründe für den Fress-Wechsel von Kopf zu Bauch sind nicht bekannt. Ob er etwas damit zu tun hat, dass die im Freien verspeisten Menschen fast immer Wohnungslose sind, die vielleicht andere Lebensgewohnheiten hatten? Wir wissen es noch nicht und warten auf weitere Beobachtungen.

Für diejenigen, die das Thema interessiert, habe ich hinten im Buch auch Beispiele von menschenfressenden Geiern und anderen Wildtieren aufgeführt. Ich denke aber, Sie haben die Grundsätze des Leichenfressens bei Haustieren verinnerlicht: plötzlicher Tod der Besitzerinnen oder Besitzer sowie ein immer größer werdender Hunger führen zum Fraß.

Nun schreiten wir zu etwas Erfreulicherem fort.

Glühwürmer

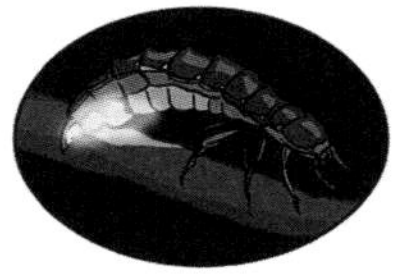

Sie tun es nicht für uns, aber wir lieben sie dafür: Das Glimmen und Glühen von Leuchtkäfern. Wer sie sieht, fühlt sich emporgehoben. Erst kürzlich begeisterte sich meine Kollegin, die grauhaarige Biologieprofessorin Sara Lewis von der Tufts-Universität, schwärmerisch über Blaue-Geist-Glühwürmer *(Phausis reticulata)*:

»Über den Waldboden weben Blaugeist-Männchen ihre glühenden Pfade.«

Was für ein schöner Satz.

Die blau leuchtenden Tiere leben in den Vereinigten Staaten beispielsweise in den Appalachen, um das Great-Smoky-Mountains-Gebirge und im Chattahoochee-Nationalpark. Ihr nächtliches Licht ist, entgegen ihrer Namensgebung, nicht blau, sondern grün. Unser Gehirn glaubt aber, blaues Licht zu sehen, denn die Sehstäbchen unserer Augen-Netzhaut nehmen blaues Licht besonders gut wahr. Da diese Stäbchen vorwiegend nachts zum Einsatz kommen, wirken die eigentlich grünlich schimmernden Glühgeister auf uns bläulich. Das nennt man »Purkinje-Effekt«.

Der Wahlspruch der Eliteuni, an der meine Kollegin, die

Blaugeist-Glühwurm-Fanin Sara Lewis, arbeitet, lautet *Pax et Lux* – »Frieden und Licht«. Das passt doch zum Lichterreigen ihrer Lieblingskäfer, deren Jugendstadien, die Larven, zu deutsch »Glühwürmer« heißen. Viele Menschen nennen aber die erwachsenen Käfer, die sich aus den Larven entwickeln, ebenso.

Auch im alten Brehm glitzern und zauberfeen Glühkäfer. »Hunderte von Feuerfünkchen zittern durch die würzige Luft«, liebreizt dort, also in Brehms *Thierleben*, Kollege Ernst Ludwig Taschenberg über europäische Nachtgeister. »Wenn dem trunkenen Blicke dieses Fünkchen verlöscht, so taucht ein anderes auf im lautlosen und doch feurigen Tanze. Hier und da unten am feuchten Boden strahlt ein zauberhaftes Phosphorlicht, Stängel und Blätter der Gräser, das Moos und die Steinchen des Untergrundes scharf beleuchtend, im schwächeren, immer schwächeren Lichtnebel verschwimmend und der Dunkelheit endlich den Sieg einräumend; denn festgebannt ist es an einer Stelle, welche es trotz seines Glanzes nicht zu erwärmen vermag.

Die irrenden Sterne sind die Männchen, die sie überstrahlenden Fixsterne im Grase die Weibchen, das Ganze ein wahrer Fackelzug des hochzeitlichen Hymen*. Mit Anbruch des Tages ist der Glanz verschwunden, und das Fünkchen, welches heute leuchtete, ist morgen für immer verlöscht, wenn auch ihm Hymen die Fackel angezündet hatte; solange dies nicht geschah, irrt es allnächtlich von neuem umher.«

Der in diesem Buch leider nur hier kurz vertretene Insektenbeobachter Jean-Henri Fabre verstieg sich 1886 sogar zur Aussage, dass »das Leben der Lampyris von Anfang bis Ende eine Lichtorgie ist. Die Eier leuchten und die Larven ebenso;

---

* Gemeint ist nicht der angebliche Haut-Saum, sondern der griechische Gott der Hochzeit *Hymenaios* (Ὑμέναιος), deutsch verkürzt *Hymen*.

die erwachsenen Weibchen erscheinen als kräftige Leuchtzeichen, die erwachsenen Männchen behalten den Lampion, den sie schon als Larven hatten. Die Bedeutung des weiblichen Leuchtzeichens versteht man. Wozu aber dient die ganze übrige Pyrotechnik? Die Physik des Tieres ist ein Geheimnis, wird es noch lange sein, vielleicht für immer bleiben; sie übersteigt unsere Bücherweisheit.«

Wenn sonst ruhige Kolleginnen und Kollegen schon derart in Wallung geraten, möchte ich auch einige Geschichten, zusammengetragen von Lorenz Oken, Gründervater der Deutschen Gesellschaft für Naturforscher und Ärzte – auch in dieser Gruppe bin ich Mitglied –, hier wiedergeben. Diese Berichte über Glühwürmer erhellen (gewollter Wortwitz), wie weit verbreitet diese Insekten früher waren, wie wirklich allgegenwärtig. Das können wir derzeit, im größten Artensterben, seit es Menschen auf der Erde gibt, kaum begreifen. Die folgenden Zitate wirken fast wie Märchen. Doch sie stammen aus einem der bekanntesten Tierbücher und von einem der fleißigsten Zoologen, den ich kenne.

1556 – Nach einem Bericht von Herausgeber Christoph Kolumbus aus der HISTORIA DELLE INDIE, BUCH XV

> »Während des Krieges bedienten sich die Christen und Indianer der Leuchtkäfer, um nicht zu verirren und nicht auseinander zu kommen; besonders taten dies die letzteren, welche geschickter im Fangen dieser Tierchen sind, um sich eine Stunde weit und noch weiter sehen zu lassen; auch im Felde und bei der Jagd besorgen sie dabei alle Geschäfte, ohne befürchten zu müssen, dass Wind oder Regen ihnen das Licht auslöschen. Wenn die Kriegsleute des Nachts ausgingen, um einen Angriff zu machen, so steckte sich die Vorwache einen *Cocuio* auf den Kopf und diente den Nachfolgenden als Leuchte. Man hält deshalb immer welche zu Hause eingesperrt, um dabei zu Nacht zu essen und das [Lampen-]Öl zu er-

sparen. Die Indianer machen aus diesen Insekten eine Art Salbe und beschmieren sich damit bei ihren Festen Gesicht und Brust, um zum Spaß andere damit zu erschrecken, weil sie dann wie feurige Männer aussehen. Unter allen leuchtenden Insekten hat dieses den Vorrang.«

Ernst Ludwig Taschenberg, der wie erwähnt auch für Brehms *Thierleben* die Insektenbände schrieb, weist auf eine tierkundlich wichtige Verwechslungs-Möglichkeit hin: »Die ›Feuerfliege‹ der Indianer sind Käfer von zweierlei, sehr verschiedener Natur. Die einen gehören der großen Familie der Schnellkäfer *(Elateridae)* an, jenen Käfern, die, wenn sie auf dem Rücken liegen, das Vermögen besitzen, unter einem knipsenden Laute sich emporzuschnellen, um hierdurch wieder auf ihre Beine zu gelangen. Bei uns kommen zahlreiche Arten vor, keine einzige leuchtet im Dunkeln. Im südlichen Amerika leben dagegen viele, unter ihnen auch einige von bedeutender Größe, welche sich sämmtlich an einem wachsgelben, etwas erhabenen Flecke in der Nähe jeder der hintern Ecken des Halsschildes auf den ersten Blick erkennen lassen. Diese Stelle leuchtet mit Phosphorscheine im Dunkeln, und daher haben die Käferkundigen diese sonst unscheinbaren Schnellkäfer unter dem Gattungsnamen *Pyrophorus* (Feuerträger) zusammengefasst. Die zweite Reihe der ›Feuerfliegen‹ breitet sich in etwa 450 bekannten Arten über alle Länder der Erde aus, allerdings am zahlreichsten über das südliche Amerika, und bildet als Sippe der Lampyrinen mit noch einigen anderen Verwandten [...] die Familie der Weichkäfer.« M.B.

1766 – Nach wissenschaftlichen Berichten von Fougeroux de Bondaroy in den MÉMOIRES DE L'ACADÉMIE ROYALE DES SCIENCES aus Paris

»Es ereignete sich einmal der Fall, dass solch ein Leuchtkäfer lebendig in Paris beobachtet wurde. An einem schönen Septemberabend 1766 sahen einige Weiber ein

> Feuer, wie eine Sternschnuppe, aus der Luft heruntersteigen, und auf einem Kreuzstock liegen bleiben. Man lief hin und fand ein so lebhaft leuchtendes Insekt, dass die Augen den Glanz kaum ertragen konnten. Da es niemand kannte, so schickte man es dem Naturforscher Fougeroux de Bondaroy. Es war der große Leuchtkäfer, wovon man im dortigen Naturalien-Kabinett mehrere aus Cayenne [Französisch-Guayana im nordöstlichen Südamerika – M.B.] aufbewahrt hatte.
>
> In Italien sieht man diese Feuerfunken häufig umherschweben, bald verschwinden, bald wieder erscheinen, je nachdem sie die Flügel bedecken. Zu Rom sind die Mauern voll davon, und man kann in einer Viertelstunde eine Menge fangen; sie fliegen niedrig und langsam und schießen einen [Licht-] Strahl bei jedem Flügelschlag. Die Kinder in den Gassen setzen sie ins Gesicht und auf die Kleider und haben ihr Vergnügen daran. Zerdrückt man sie, so bleibt das Licht einige Minuten lang auf der Hand oder auf dem Papier. Ist es hier verschwunden, so braucht man es nur benetzen, um es wieder auf einige Augenblicke leuchten zu machen, was aber nur ein einziges Mal gelingt.«

Das Licht der leuchtenden Käfer – die Männchen schwirren wie bereits beschrieben umher, die Weibchen bleiben meist und die flugunfähigen Larven natürlich immer am Boden – hat genau die Wellenlänge, die uns auch bei Polarlichtern und in einsamen, weiten Nächten unweigerlich in den Bann schlägt: von gelblich grün bis manchmal sogar ins Rötliche hinein (562–638 nm). Je nach Leuchtkäfer-Art leuchten alle Lebens-Stadien, manchmal aber auch nur bestimmte Entwicklungsstufen. Sind viele der Feuchtigkeit liebenden, weil Schnecken fressenden Tiere in der Luft und im Gras, so lässt sich manchmal sogar eine Art aufeinander abgestimmtes Pulsieren erkennen. Wahnsinn.

Wie schon gesagt, leuchten die Tiere weder für Menschen noch zum Spaß. Sie verwenden das Signal, um sich zur Paarung zu finden. Bei den Weibchen des europäischen, großen Johanniswürmchens *(Lampyris noctiluca)* befinden sich die Leuchtorgane im Hinterleib hinter durchsichtigen Fenstern. Das kleine Glühwürmchen *(Lamprohiza spledidula)* hat seine Leuchtstellen hingegen am ganzen Körper verteilt; sie scheinen durch den zarten Panzer des Käferchens hindurch.

In der *Sendung mit der Maus* wurde sogar einmal eine Glühwurm-Falle (mit einer grünen Leuchtdiode) vorgestellt. Wir wollen die Tiere aber lieber nicht in ihrer Hochzeits-Lichter-Schau stören, sondern alle Tiere, auch die leuchtenden, in Ruhe lassen.

Natürlich ist nicht alles eitel Kaltlichtschein in der Welt der Glühwürmer. In Nordamerika lebt beispielsweise der Leuchtkäfer *Photuris*. Ein Mitglied seiner Gattung, *Photuris pennsylvanica*, ist das offizielle Staats-Insekt von Pennsylvania. Er, genauer gesagt *sie*, nämlich die erwachsenen Weibchen der Art, ahmen die Blink-Muster anderer Glühkäfer nach. Männchen, die auf das gefälschte Locklicht hereinfallen und keine Pennsylvania-Käfer sind, werden von den staatstragenden Weibchen getötet und verspeist. Biologisch fällt solches Verhalten unter »aggressive Mimikry«, also eine gewalttätige Tarnung – im Gegensatz zur friedlicheren und bekannteren Anpassung eines Tierkörpers an die Farbe und manchmal auch Form des Untergrundes, um nicht aufzufallen. Hier ist es gerade umgekehrt und dient dem Angriff.

Auch Larven, also die Jugend-Formen der Käfer und damit die eigentlichen Glüh»würmchen«, sind nicht immer so freundlich, wie wir das Kindern erzählen. »Baby-Glühwürmchen«, berichtet meine oben schon genannte Kollegin Sara Lewis beispielsweise über unsere Johanniswürmchen *(Lampyris noctiluca)*, »sind böse Räuber. Sie nutzen ihre hohlen Beißzähne, um Schnecken Verdauungsstoffe und Gifte, die sie bewegungsunfähig machen, einzuspritzen.«

Und, um noch eine letzte Wissens-Perle aufscheinen zu lassen: Nicht alle würmchen-, also larvenförmigen Glühwürmer sind jugendlich. Beim schon genannten Blauen Geist, dem Glühkäfer aus Amerika, bleiben die weiblichen Tiere lebenslang in ihrer Jugend-Form. Zumindest äußerlich. Innerlich können sie erwachsene Paarungen mit den zur Käfer-Form entwickelten Männchen vollbringen. Dass ein eigentlich erwachsenes Tier noch viele Merkmale des Jugend-Stadiums behält, ist nicht so selten und heißt »Kindergestalt« *(Pädomorphie)* oder »Jungstrecken« *(Neotenie)*. Biologinnen und Biologen lernten diese vorgetäuschte Jugend schon im ersten Semester am Beispiel des mexikanischen Molches *Axolotl* kennen, andere kennen sie vom einheimischen Grottenolm. Die Kindergestalt findet sich öfters bei Schwanzlurchen, aber – für uns hier interessanter – eben auch beim Weibchen des Blauen Geistes, manchen Motten und Fächerflügel-Insekten. Der Sinn der Sache ist nicht immer bekannt und soll uns hier daher nicht weiter beschäftigen.

Wer in Zentraleuropa Leuchtkäfer sehen möchte, kann sein Glück an Wiesen und Wäldern nahe von Flussufern oder anderen schneckenreichen Geländen versuchen. Zwischen Mai und manchmal noch bis September sind die erwachsenen Tiere, teils nur noch Weibchen, die kein Männchen anlocken konnten, unterwegs. Am besten schaut man zwischen tiefer Dämmerung und Mitternacht nach den entweder glühenden oder blinkenden Tieren. Sowohl die Larven als auch die erwachsenen Tiere leuchten fein, je nach Glühkäfer-Art. Sehr hell wird es dabei aber nicht, weil beispielsweise in Deutschland nur eine der hiesigen Leuchtkäfer-Arten ein wenig funzelt. Wer sie allerdings einmal beim Glühen betrachtet hat, wird der betreffenden Wiese nie wieder einen Grashalm krümmen, sie auch nicht zur Unzeit mähen oder gar Ackergifte auf sie streuen. Übrigens leuchten, wie Fabre richtig schrieb, auch die Eier der Leuchtkäfer, und zwar schon im Eileiter, direkt aus dem Inneren des Eies heraus.

Das große Leuchten findet in Thailand statt, auf den Philippinen und in Malaysia. Dort haben einige zoologische

Kolleginnen und Kollegen »meterbreite Lichtgürtel« gesehen, »deren phosphorgrünes Licht aus den winzigen Lebewesen mit gleichzeitiger Genauigkeit aufscheint und erlischt«. Ob das wirklich so ist oder nicht, weiß ich nicht. Melden Sie mir bitte Ihre Beobachtungen für die kommende Auflage unseres *Illustrirten Thierlebens*. Immerhin hat die Frage, welchen Sinn es für Tausende Leuchtkäfer-Männchen hat, gleichzeitig zu leuchten, zu einem jahrzehntelangen Streit in der Biologie geführt und die Kollegen Jim »Firefly Doc« Lloyd und John Buck für immer entzweit. Der eine fragte, *wie* manche der Glühkäfer-Arten ihre Sex-Lämpchen mit anderen gleichschalten, der andere Forscher fragte hingegen, *warum* die Tiere das tun. Die beiden wurden sich nie einig und spalteten mit ihrem Zwist ein ganzes Forschungs-Feld, das doch nur von Frieden, Licht und Liebe handeln könnte.

In Japan sind Glühwürmchen (hotaru – 螢) besonders fest im Herzen der Menschen verankert. Ein Gedicht des berühmten Haiku-Dichters Matsuo Bashō aus dem 17. Jahrhundert lautet, von mir (vermutlich etwas krumm) übersetzt:

Oh, dieser Leuchtkäfer!
Im Taglicht
*leuchtet sein Nacken rot.**

Diese Liebe ist kein Zufall. Leuchttierforscher Edmund Harvey berichtete schon im Jahr 1954 auf der ersten Weltkonferenz der Leuchtlebewesen-Expertinnen und -Experten im kalifornischen Asilomar-Konferenzpark, dass »Japan eine Schatzkiste voller leuchtender Lebewesen« sei.

Auch meine Freundin Hiroko Tanahashi bestätigt das: »Es gibt ein bekanntes Lied, *Hotaru no Hikari* (蛍の光 – *Das Licht*

---

* Englisch: Oh, this firefly! – Seen by daylight, the nape of its neck is red! (Übersetzung von Lafcadio Hearn, 1902)

des Glühwurmes), das schon 1881 von Chikai Inagaki geschrieben wurde. Die Melodie stammt von dem schottischen Lied, das ihr Deutschen als *Nehmt Abschied, Brüder* kennt. Es beschreibt am Anfang die fleißige und harte Arbeit, die sich auch im Begriff *›Keisetsu-jidadi‹* erhalten hat: *Die Zeit der Glühwürmer und des Schnees* sind die harten Tage, in denen man im Licht der Tiere und des Widerscheines der weißen Flocken auf der Fensterbank gelernt und studiert hat. *Hotaru no Hikari* – Licht der Glühwürmer, *Mado no Yuki* – der Schnee auf den Fensterbänken!

Glühwürmer als das Licht, wenn kein anderes Licht mehr scheint: Das erinnert an Galadriels Geschenk, das Frodo in letzter Not entzündet, als er der Riesen-Spinne Kankra in die acht Beine läuft: ›May it be a light to you in dark places when all other lights go out.‹ Doch rasch zurück nach Japan.

Das schöne Lied vom Licht des Glühwurmes beruht auf zwei eigentlich chinesischen, nicht japanischen, Geschichten oder Begebenheiten, in denen zwischen den Jahren 317 bis 420 der bitterarme, später berühmte Politiker Shain (車胤) im Licht von Glühkäfern sowie ein weiterer Gelehrter, Sonkou (孫康), dieser aber im Licht des Schnees auf der Fensterbank, unter harten Bedingungen lernen und es dadurch zu viel bringen.

Da das Lied in den folgenden Strophen vom Abschied handelt, wird es bis heute als Schlusslied nach Schulfeiern oder einfach am Ende des Schultages, als Rausschmeißer in Restaurants und an Neujahr in einer in Japan bekannten Fernsehsendung zum Abschluss gesungen. Zumindest im Fernsehen stimmen dann alle gemeinsam *Hotaru no Hikari* an.

Es gibt auch noch das japanische Kinderlied *Hotaru Koi* – ›Glühwürmlein, komm‹, das von Kindern gerne als Kanon gesungen wird.«

So weit meine coole Freundin Hiroko.

Große Gefühle! Kindheit, Fleiß, der Schnee und Silvester, das zusammen gibt es nicht oft. Machen Sie also mit: In der ersten Juliwoche findet jährlich und weltweit der Leuchtkäfertag, international als *World Firefly Day*, statt. Dieser vielleicht eindrucksvollste aller Feiertage lässt sich hierzulande gut in Schaffhausen auf dem Waldfriedhof verbringen. Dort sorgen die Tiere laut *Schaffhauser Nachrichten* »für eine romantische, mystisch-morbide Stimmung«. Kinder verzichten auf solches Geschwurbel und fühlen sich meiner Erfahrung nach im Schein der tanzenden Käferlichter einfach »echt wie im Märchen«.

Schauen Sie sich die Tiere an. Wenn Ihr Herz kein Klotz ist, könnten Leuchttiere Ihr Leben ändern, sei es auf romantischem Gebiet oder durch die Einsicht, dass »die Natur« eben wirklich glitzriger ist als wir.

Auch anderswo gibt es leuchtende Wesen, vor allem im Ozean. Sie finden sich sogar weltweit am häufigsten im Meer, meist als Einzeller. Landseits gibt es weitere Krabbler, die kaltes Licht abstrahlen. In Kalifornien ist das beispielsweise der Tausendfüßler *Motyxia*. Er leuchtet superhell, führt aber zugleich Blausäure im vielbeinigen Leib. Es empfiehlt sich daher, die eigenen Finger und für Tiere auch die Fühler auf Abstand zu *Motyxia* zu halten.

Andere Tiere, beispielsweise manche Krebse, blitzen kurz auf, wenn man sie berührt. Sonst leuchten sie nicht. In Südeuropa strahlt der Ölbaumpilz *(Omphalotus olearius)*. Es gelingt sogar, daheim auf altem Holz Leuchtpilze zu züchten, etwa den Herben Zwergknäueling *(Panellus stipticus)*. Er strahlt in feinem Gelbgrün. Zucht-Dosen mit seinen Wachstums-Geflechten gibt's im Internet. Sieht wirklich irre aus.

Am schönsten sind blaugrüne Lebensfeuer aber natürlich im sommerlichen Freien, mit geliebten Personen im Schlepp, bei Sternenlicht auf einem glühwurmdurchwobenen Friedhof oder, wie ich es Ende der 1990er Jahre erleben durfte, in einer Frühsommernacht im Central Park in New York. So viele Sterne!

Silberfischchen

Tiere mit gleichen Namen gehören manchmal verschiedenen Arten an. Der Asiatische und der Afrikanische Elefant sind ähnlich, aber nicht gleich, und so ist es auch bei Fischchen. Es gibt welche, die wie das Ofenfischchen hohe Temperaturen lieben – daher ihr Name. In Bäckereien und Großküchen gefällt es ihnen, weniger wegen der Feuchte des Teiges, denn Wasser nehmen sie mit ihrem Darm aus der Luft auf ... sehr lässig. Vor allem mögen Ofenfischchen die Wärme von Küchen. Bei weniger als 25 Grad Celsius legen sie keine Eier ab. Sie frieren und werden matt. Schädlich sind diese wie auch andere Arten der Fischchen nicht, außer es putzt niemand ihren Kot weg. Aber putzen sollten wir ja eh, besonders in einer Küche.

Wie der »Zuckergast«, so heißt ein anderes Fischchen, nämlich unser klassischer Silberfisch, sowie eine dritte Art, das Papierfischchen, lieben die silbrig geschuppten Racker menschliche Behausungen. Das liegt daran, dass es dort überall Zucker gibt. Es muss kein Keks oder Kuchen sein, die Tiere sind schon mit altem Leim zufrieden, mit dem die Seiten von Büchern früher zu einem Buchblock verklebt wurden. Jahrhundertelang war dieser Kleber kohlenhydrat- und damit zuckerhaltig. Manche

Leserinnen und Leser kennen vielleicht noch selbst hergestellten Kleber aus Mehl und Wasser. Ein solcher Kleister wäre die Lieblingsspeise für alle hier besprochenen Fischchen.

Der erstklassige Vergrößerer und Zeichner Robert Hooke, Professor für Geometrie, Architekt und Stadtvermesser, beschrieb die Tiere wegen ihrer Buchleimliebe auch als »kleine, silberfarbene Bücherwürmer. Jede ihrer den Körper überdeckenden Schuppen«, so der Naturforscher, »ist selbst wieder hauchdünn überkachelt. Zusammen lassen sie das ganze Tier perfekt wie Perlen schimmern.« – *Perfekt wie Perlen!*

»Wenn ich mir überlege«, so Hooke weiter, »wie viele Sägespäne dieses kleine Lebewesen aufnimmt, so dass es gleichsam einen Zahn der Zeit darstellt, dann kann ich nur bewundern, welch wunderbares Feuer in sie gepflanzt wurde, das durch die lodernden Vorgänge in ihren Mägen und Lungen bewirkt wird.« Hooke bewunderte die Silberfischchen und ihren Stoffwechsel, nicht nur in meiner etwas freien Übersetzung seines Textes. Ich mag die kleinen Zauberwesen ebenfalls. Sie sehen ein bisschen wie Krebse oder Asseln aus, sind aber waschechte Insekten. Wer ihre Beine zählt, weiß Bescheid. Zwei Beine: Mensch oder Vogel – vier Beine: Hund, Pferd, Katze, Maus – sechs Beine: Insekt – acht Beine: Spinne oder Milbe – mehr Beine: Krebs, Hundert- oder Tausendfüßler. Funktioniert wirklich. Silberfischchen: sechs Beine.

Im schönsten Apartment-Hotel Berlins habe ich einmal ein tolles Fischchen über einen knochentrockenen, eng gewebten Industrie-Teppich wackeln sehen. Es war nicht so ängstlich wie Fischchen sonst und ließ sich fotografieren. Dann verschwand es, vermutlich in die von ihm bevorzugte Spalte mit hoher Luftfeuchte (es war also kein Ofenfischchen) und natürlich Finsternis.

Am scheuesten bleibt das Ofenfischchen. Dass das Wärme liebende Glitzertier sich tags versteckt, schützt es einerseits vor tagaktiven Lebensformen. Andererseits bewirkt die nächtliche Lebensweise, dass sich Badezimmer-Besucherinnen und

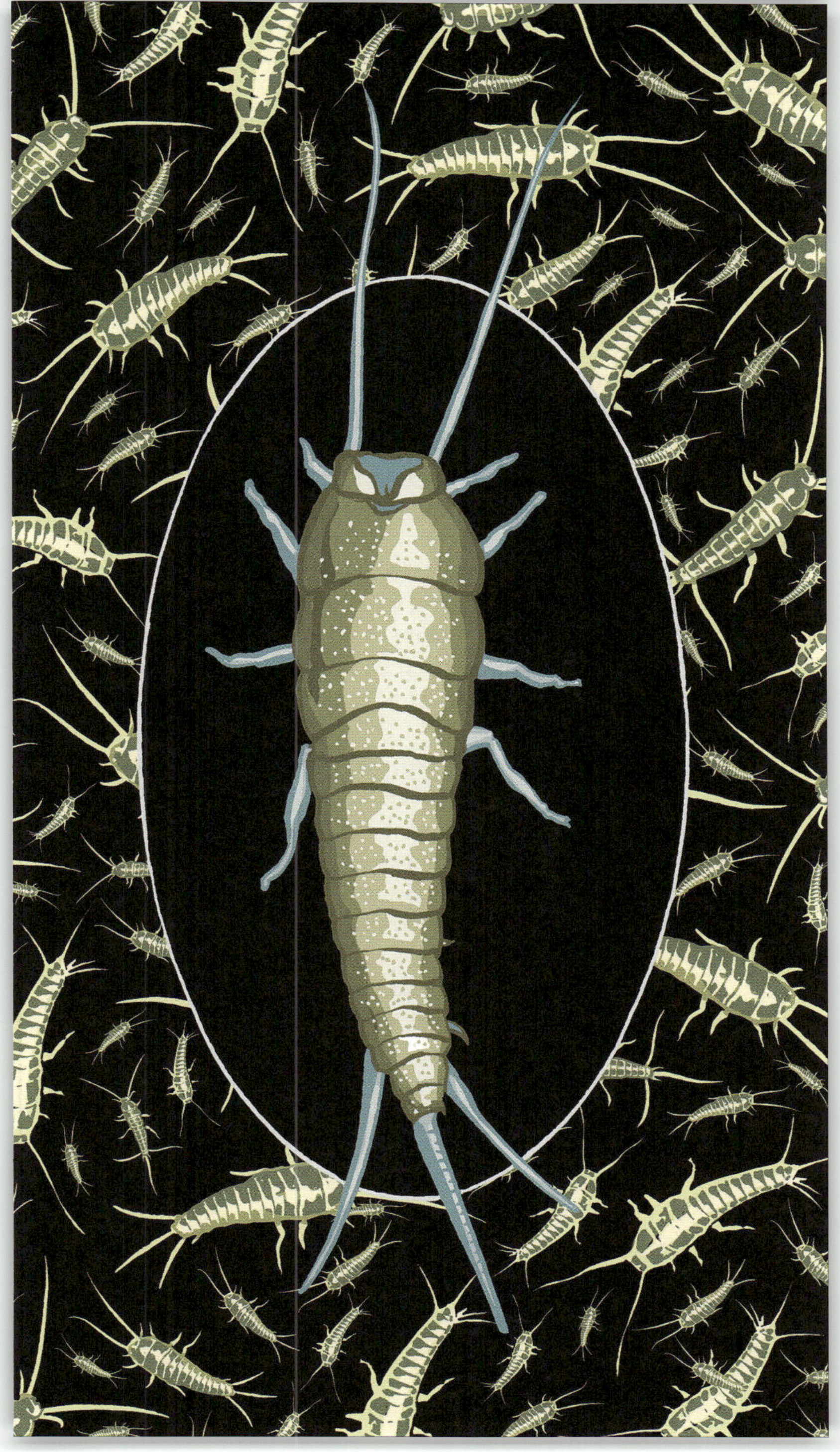

-Besucher – zumindest, wenn sie Menschen sind – umso mehr erschrecken, wenn sie unerwartet auf Leben stoßen, wo sie keins vermuteten, nämlich im Bad. Doch Angst vor Fischchen ist Quatsch: Die Tiere sind harmlos und fressen Haare, Hautschuppen, Schimmel und Hausstaubmilben. Seide und Leder nehmen die Fischchen zwar auch, doch wer hat schon Leder und Seide im Bad herumliegen?

So entschied es neulich auch das Oberlandesgericht in der mittelgroßen Stadt Hamm in Nordrhein-Westfalen. Das Bundesland ist dicht besiedelt und wurde im Krieg zerstört. Ein geringer Bestand an Silberfischchen sei in älteren Wohnungen üblich, so das fischchenfreundliche Gericht, und stelle keine Gesundheitsgefahr dar. Wer seine Wohnung zu feucht hält, beispielsweise nach dem Renovieren mit naturgemäß feuchter Wandfarbe oder durch mangelndes Lüften einer Bibliothek mit uralten Büchern, muss seit dem Jahr 2017 damit leben, dass die Fischchen zuerst da waren. Anders gesagt: Eine ältere Wohnung mit Fischchen ist nicht weniger wertvoll als eine nagelneue ohne sie. Zack!

Heute zählen Silberfischchen, da wir unsere Wohnungen durch Zentralheizungen trocken halten und Ritzen leicht mit Silikon abdichten können, eher zu den so genannten »Lästlingen«. Das hört sich schon besser an als »Schädling«, aber mir scheint eher, dass manche den Bezug zur Umwelt verloren haben und vieles, was krabbelt, zu Unrecht für gruselig oder lästig halten. Wir leben in einem Nahrungs-, Energie- und Lebensgeflecht mit allen anderen Wesen. Die Silberfische sind ein Teil davon. Menschen werden, anders als die meisten Krabbler, bald aus diesem Netz herausfallen, und nichts Biologisches wird dann mehr an sie erinnern. »Nature is ancient«, singt Björk – »humans are not«, ergänze ich.

Das angespannte Verhältnis zwischen Mensch und Fischchen ist vermutlich neu. Denn selbst als Heizen für viele Menschen unerschwinglich war, Lebensmittel noch nicht in Kühlschränken standen und die Wohnungen Dutzende hölzerner Ritzen aufwiesen, waren Silberfischchen nicht derart unbeliebt wie heute. »In der Nacht«, so steht es noch im Brehm, »stattet es der Speisekammer einen übrigens sehr harmlosen Besuch ab und wird höchstens dadurch bisweilen ernstlich unangenehm, dass es an Büchern verwahrloster Bibliotheken nagt und frisst.« Wie schon gesagt: Küche und Bibliothek sollten ja eh nicht verwahrlosen.

In Büchern über Krankheits-Überträger fehlt das Silberfischchen meist ganz, oder es wird schamvoll zu den Allergien gepackt. Allergien können Menschen allerdings gegen fast alles entwickeln, vom Latex-Handschuh bis zu Frühjahrs-Pollen. Doch davor ekelt sich niemand.

Mir tun Menschen leid, die ihre ängstliche Aufmerksamkeit ganz auf krabbelnde Lebewesen richten, und das auch noch nachts. Ich weiß, dass Bettwanzen nervtötend sind, sowohl in Hotels (zum Glück wird immer meine Frau gebissen, zuletzt in Bukarest) und Hostels (ich kenne Spuren und Geruch der Tiere und wechsle dann das Zimmer). Ich weiß auch, wie eine Wohnung von innen aussieht, die von oben bis unten mit Küchenschaben besiedelt ist und nach dem Anschalten des Lichtes so lange lebendig wirkt, bis die letzten Tiere hinter Sofa, Bildern an der Wand und dem Herd verschwunden sind (Polizeieinsatz 1997 in der Süd-Bronx in New York). Doch in den Wohnungen der Leserinnen und Leser dieses *Thierlebens* dürfte sich weder Nahrungs-Müll stapeln, noch reisen bei Ihnen täglich Menschen an und ab, die im Rucksack unbemerkt Lebewesen mitschleppen. Daher: immer die Ruhe.

Einer meiner ersten Kölner Klienten hatte sich dermaßen in die Suche nach den höchstens einen Zentimeter großen Silberfischchen in seinem Bad gesteigert, dass er sie – auch hier war ich dabei – schon dann aus benachbarten Zimmern erspähte, als ich noch dachte, seine Kacheln seien kerbtierfrei. Die Fischchen nahmen den Mann derart mit, dass seine Gedanken fast nur noch darum kreisten. Da Silberfische aber wie gesagt in Industrieländern keine Schäden anrichten und einfach zu verdrängen sind (Ritzen verkleben und Zimmer lüften), hätte ich dem Mann mehr Schlafzeit anstelle Angst, Ekel und Aufregung gewünscht. Er jagte noch einige Wochen mit bewundernswerter Augenschärfe in der Fischchenwelt, gab es dann aber auf und zog in eine andere Wohnung.

Wen die friedlichen und harmlosen Tiere stören, kann übrigens auch einfach einen angefeuchteten Lappen auslegen. Am nächsten Morgen werden darunter reichlich Fischchen chillen, die sich über das erstklassige Versteck freuen. Einfach einsammeln und ins Freie tragen. Fertig.

Stare

Großstädterinnen und Großstädter wissen nichts vom Star. Auch ich hatte ihn zwanzig Jahre lang vergessen, bis eine Gruppe der hübsch gepunkteten Tiere wegen der Vollversiegelung Berlins ab etwa 2015 von der Haltestelle Warschauer Straße – dort lebten sie auf den Baukränen – zu den Bahnhöfen Alexanderplatz und Hauptbahnhof immer weiter ins Stadtinnere auswichen. Da sitzen sie derzeit und singen ihre bemerkenswerten Lieder.*

»Es ist eine schöne Zeit«, so die Naturforscher Adolf und Karl Müller im Jahr 1869, »wenn die Stare wieder unsere Hausgärten beleben und die galanten Hähne um die Gunst der Weiblein buhlen. Da wird sich geputzt und im Komplimentieren bemerkbar gemacht, da wird geschwätzt, gebalzt und manche Stelle klassischer Gesänge rezitiert, so dass man meinen

* Kaum lag Berlin ab April 2020 im virösen Covid-19-Schlaf, blieben die geliebten Brosamen sowie das von Berliner Staren ebenfalls gern verzehrte Erbrochene der Menschen aus. Die Stare zogen ab und die Kuppel des Bahnhofs wurde wieder zum Geisterdom.

sollte, man habe Menschen mit ihren Schwächen und Eitelkeiten vor Augen. Das eine Männchen strebt das andere zu überbieten, und gelingt es nicht mit allerlei Geschwätz, so macht vielleicht ein behagliches Wiegen im Sonnenschein mit ausgebreitetem Gefieder, gleichsam ein Luft- und Sonnenbad der Liebe, einen reizenden Eindruck auf das stillere, blassere Weibchen.«

Auch der Zoologe Johann Friedrich Blumenbach mochte – wie Sie gleich bemerken werden: wie eigentlich jeder – Stare. Vor über 250 Jahren beschrieb er sie als »nutzbares Thier, das unzählige schädliche Insekten vertilgt – *rostro flavescente, corpore nigro punctis sagittatis albis*«, das heißt: Schnabel gelb, der schwarze Körper seitlich weiß gepunktet.

»Diese sehr geselligen Vögel«, ergänzt Tiervater Brehm, »nähren sich von Insekten, Würmern und Schnecken, die sie eilfertig auf dem Erdboden umher schreitend, nicht hüpfend, suchen.« Dass Stare das von Menschen oft geschmähte Gewürm fressen, erklärt die schon frühe Freundschaft zwischen Mensch und Vogel. »Nicht dringend genug«, rät Brehm daher, »kann die Schonung des Stars empfohlen werden. Es ist unglaublich, welch eine Menge schädlicher Schnecken und Insekten er vertilgt, und wo er einmal angesiedelt ist, da schlägt er auch sein ständiges Quartier auf.«

Brehms Kollege Lenz aus Thüringen sah Staren lange beim Fressen zu und berechnete danach, dass »in summa von zwei Alten und ihrer Familie täglich 364 fette Schnecken oder das Gleichwertige an Heuschrecken, Raupen und dergleichen verzehrt werden«.

Nun ist es nur so mittelcool, dass Menschen Tiere, hier den Star, immer dann mögen, wenn sie nützlich sind. Denn wann ist ein Tier nützlich oder unnütz, schön oder hässlich, lästig oder nicht? Ich möchte das nicht entscheiden. Dem Star gestand man jedenfalls alles Gute zu – sogar seine Freiheit. Niemand versuchte, ihn trotz seiner Vertilgungskräfte zum so genannten Haus- oder Nutztier zu machen.

Doch manchmal mögen Menschen Tiere auch aus anderen als aus Nützlichkeits-Gründen. Selbst Alfred Brehm, der – Sie erinnern sich – manche Tiere, wie etwa Krokodile, Kamele, Schafe und Möpse schmähte, zeigt sich gegen den Star auffallend mild. »Die Liebe der Eltern zu den Kindern«, schreibt er, »ist so groß und der Star ein so wenig scheuer Vogel, dass er das Füttern in derselben unverdrossenen Weise auch fortsetzt, wenn die Jungen gefangen, in einen Kasten gesetzt und von der Freiheit durch ein Drahtgitter abgesperrt werden. In kurzer Zeit sind die Jungen flügge, und dann zieht die Familie, in welcher der Nachwuchs leicht an dem einfarbig dunkelgraubraunen Kleide zu erkennen ist, hinaus zu ihresgleichen. Andere Starenfamilien schließen sich an, und das ganze Volk streicht nun unstet umher.« Treue, nützliche, vor allem aber auch aufopferungsvoll familiäre Vögel, die ihre gefangenen Kids versorgen – darin möchten und können sich Menschen gerne wiedererkennen. Ist dieser Gruppensinn der Stare Einbildung oder Wunschdenken?

Ist er nicht. Beim *Welt-Kongress der Fliegenkundlerinnen und Fliegenkundler* (den gibt es wirklich) wohnten wir im Jahr 2018 in Windhuk, der Hauptstadt von Namibia, in einem Hotel mit einer glatten Glasfront. Als wir morgens zum Frühstück gingen, flog ein einzelner Star ohne Unterlass innen an diesen Scheiben auf und ab. Er hatte sich im Hotel verirrt und kannte, anders als unsere Großstadt-Tauben und -Spatzen, nicht den Trick mit der Eingangstür, die zugleich auch eine Ausgangstür ist.

Meine Frau holte ihr großes schwarzes Halstuch aus unserem Zimmer und verwandelte sich zu einem für Stare fledermausartigen Riesenwesen. Als solches bugsierte sie, über eine Feuerleiter hoch- und herabkraxelnd, den Vogel auf einen der innen an der Fensterfront laufenden Umgänge. Erschöpft saß der Kleine endlich da und ließ sich einpacken. Meine Frau ließ ihn nach einer kleinen Erfrischung mit Leitungswasser wieder frei.

Erstaunlich fand ich nun, dass die Kumpelinen und Kumpels unseres kleinen Staren diesen von außen nicht aus den Augen gelassen hatten. Sie flogen die gesamte Zeit über immer zu genau der Stelle der durchsichtigen Scheiben, an denen ihr Verwandter zuvor fliegend entlangpanikte. Die Stare von draußen hatten ihrem verirrten Freund zuvor schon weit über eine Stunde lang beruhigende Laute vorgesungen: Meine Frau nannte das Beruhigungs-Geräusch »blubbernd«. Der verirrte Star auf der Innenseite der Scheibe hingegen pfiff quietschend wie ein Wischabzieher, den man beim Fensterputzen über Glas streift. Das konnten wir nun zuordnen, denn wir hatten vor seiner Entdeckung gedacht, dass wirklich jemand mit quietschendem Abzieher die Foyer-Fenster putzt. Doch es war der verirrte Star.

»Als ich ihn erwischte, habe ich den Vogel so in meine Hand gesetzt, dass er sich mit den Füßen an meinem Daumen festhalten konnte. Dabei hat er mich natürlich gezwickt und gebissen. Die fünf oder sechs Stare, vermutlich aus seiner Familie, haben mich durch die Scheiben nicht eine Sekunde aus den Augen gelassen. Als ich schließlich draußen vor dem Hotel ankam, saßen sie schon da und warteten auf ihren Freund. Er war kurz verwirrt und zog dann mit der kleinen Gruppe sofort in die Lüfte. Es kam mir vor wie ein Familien-Verbund.« Jedes Mal, wenn wir fortan in Windhuk Star-Schwärme sahen, freuten wir uns, dass unser geretteter Vogel nun wieder mit seinen Freundinnen und Freunden durchs Leben fliegen konnte.

Doch es geht nicht nur um Gefühle. Ganz krämerisch staune ich vor allem darüber, dass unsere namibianische Starenunterstützungsgruppe trotz härtester Trockenheit und Hitze ihren verloren geglaubten Freund aufgemuntert und auf der anderen Seite der Scheibenfront fliegend unterstützt hat – ein für diese Tiere fast tödlicher Kraftakt. Wie viele Menschen in Freiheit vergessen trotz aussichtsloser Lage ihres Kumpels oder ihrer Kumpeline aus Güte zu essen und zu trinken, nur, um einer oder einem Eingeschlossenen durch Gesang und Anwesenheit einen Hauch von Hoffnung zu geben und die richtige Richtung anzuzeigen? Tja.

Stare fressen aber nicht nur Schnecken und Insekten und helfen sich in der Not. »In Berlin«, so noch ein letztes Mal meine Frau, »hören wir am Hauptbahnhof öfter einen einzelnen Star, der das Gezwitscher eines ganzen Spatzenschwarmes mit Herzenslust nachmacht. Das wilde Stimmengewirr, wenn die Spatzen auf einem Haufen sitzen, hört sich für den Star vielleicht cool an. Stare machen ja auch andere Vögel nach.«

Es gäbe, das erkennen Sie schon, noch viel über Stare zu berichten, etwa über die Abenteuer des nordamerikanischen Gartenstars, den Bananen-Star aus Martinique und Jamaica oder den rotflügeligen und den Wasser-Star. Und dann gibt es auch noch die »Grackles«, die ich öfters in den Südstaaten der USA sehe und höre, und die ein liebreizendes Höllenspektakel veranstalten. Sie gehören zur selben Obergruppe wie Stare, sind aber doch ganz anders.

Doch diese weiteren Berichte sind unnötig – Sie gehen spätestens jetzt ja vermutlich selbst vor die Tür und erfreuen sich an den schönen, nützlichen und freundlichen Tieren. Lassen Sie sich auch von den wirklich schrägen Geräusch-Zusammenstellungen der Tiere begeistern. Am Berliner Alex versuchen sie sich derzeit an den Tönen der S-Bahn-Türen. Unsere Videos dazu finden Sie auf Youtube.

Vampirfledermäuse

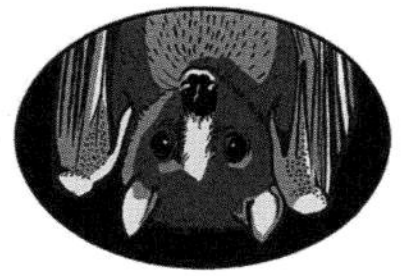

Ich will es kurz machen und gleich zum Verrücktesten kommen, was ich über Vampirfledermäuse weiß.

Es ist weder die Tatsache, dass sie im südlichen Amerika auf ihren beflügelten Fleder-Armen herumschleichen und das Blut von Kühen lecken. Denen raspeln sie zuerst die Haare ab, zerspalten dann verklumpende Blutpropfen durch ihren Speichel so, dass ihre Nahrung, eben das Blut der anderen, weiterfließt. Fairerweise muss man sagen, dass die Wunden klein und die entnommene Blutmenge winzig ist. Allerdings können die Tiere Tollwut übertragen und werden wohl darum gefürchtet. Ihre sichelförmigen Schneidezähne sind so scharf, dass ich sogar bei Museums-Skeletten der tierkundlich »Blattnasen« genannten Flatterer aufpassen muss, mich nicht an ihnen zu schneiden. Als ich einmal die Fledermaus-Zucht eines Kollegen an der Universität Bonn besuchte, musste ich Handschuhe tragen, die fester und dicker waren als alles, was ich je gesehen hatte.

Auch die auffällige Nase von Fledermäusen, die aus einem hufeisenförmigen Ballen über den Atemlöchern besteht, soll nicht im Mittelpunkt stehen, ebenso wenig wie die Tatsache, dass sich unsere nachtaktiven Fledertiere gegenseitig mit hochgewürgtem Blut füttern, wenn ihre Nachbarin oder ihr Nachbar in der stockfinsteren Höhle Hunger leidet.

Mich erstaunt etwas anderes. Denn zwar war schon lange bekannt, dass die Tiere an Menschen saugen. Bewiesen war es aber nicht für alle Arten, vor allem nicht für die oberniedlichen, die nur Früchte fressen. Nach den bisherigen Kapiteln ahnen Sie vermutlich schon, was gleich kommt.

Es gibt beispielsweise supercute Fruchtvampire, die namensgerecht Obst und manchmal Pollen, Nektar oder Insekten fressen. Am knuddeligsten unter den Fruchtvampiren ist die weiße Fledermaus *Ectophylla alba*, die ausgewachsen noch nicht einmal fünf Zentimeter lang misst. Weiße Fruchtvampirfledermäuschen schlafen zu mehreren zusammengekugelt unter den Blättern der Falschen Paradiesvogelblume, aus denen sie sich ein Zelt bauen. Dieser Anblick lässt auch ein Herz aus Eis und Stahlbeton zerfließen. Und ja, die kugeligen Darlings bleiben beim Fruchtsalat.

Doch das ist nicht bei allen Arten so. Im Jahr 2016, als die Eigenschaften der Blutverdünnung schon längst genau verstanden waren, konnte Fernanda Ito, Bachelor-Studentin der Biologie aus Brasilien, nebst Team der Uni Pernambuco beweisen, dass auch eine Menschen sonst nicht zugewandte Fledermaus-Art ihren eigentlichen Nahrungs-Tieren fremdgeht: die Kammzahn-Fledermaus. Diese Tiere betteln sich gegenseitig um Blut an, indem sie das Fell anderer Fledermäuse pflegen. Dafür erhalten sie manchmal erbrochenes Belohnungs-Blut vom gekraulten Tier. Eigentlich saugen Kammzahn-Fledis nur an nackten Stellen von Haushuhnhaut. Notfalls beißen sie auch andere Vögel, deren Haut sie mit den Zähnen zerschneiden, um an ihre einzige Nahrung, eben Vogelblut, zu gelangen.

Das brasilianische Biologinnen- und Biologen-Team traute den Berichten nicht und folgte der wichtigsten Regel aller Forschung: nicht glauben, sondern prüfen. In einer brasilianischen Höhle, in der damals dreißig Kammzahn-Hühnervampire lebten, sammelte es von Mai 2014 bis Januar 2015

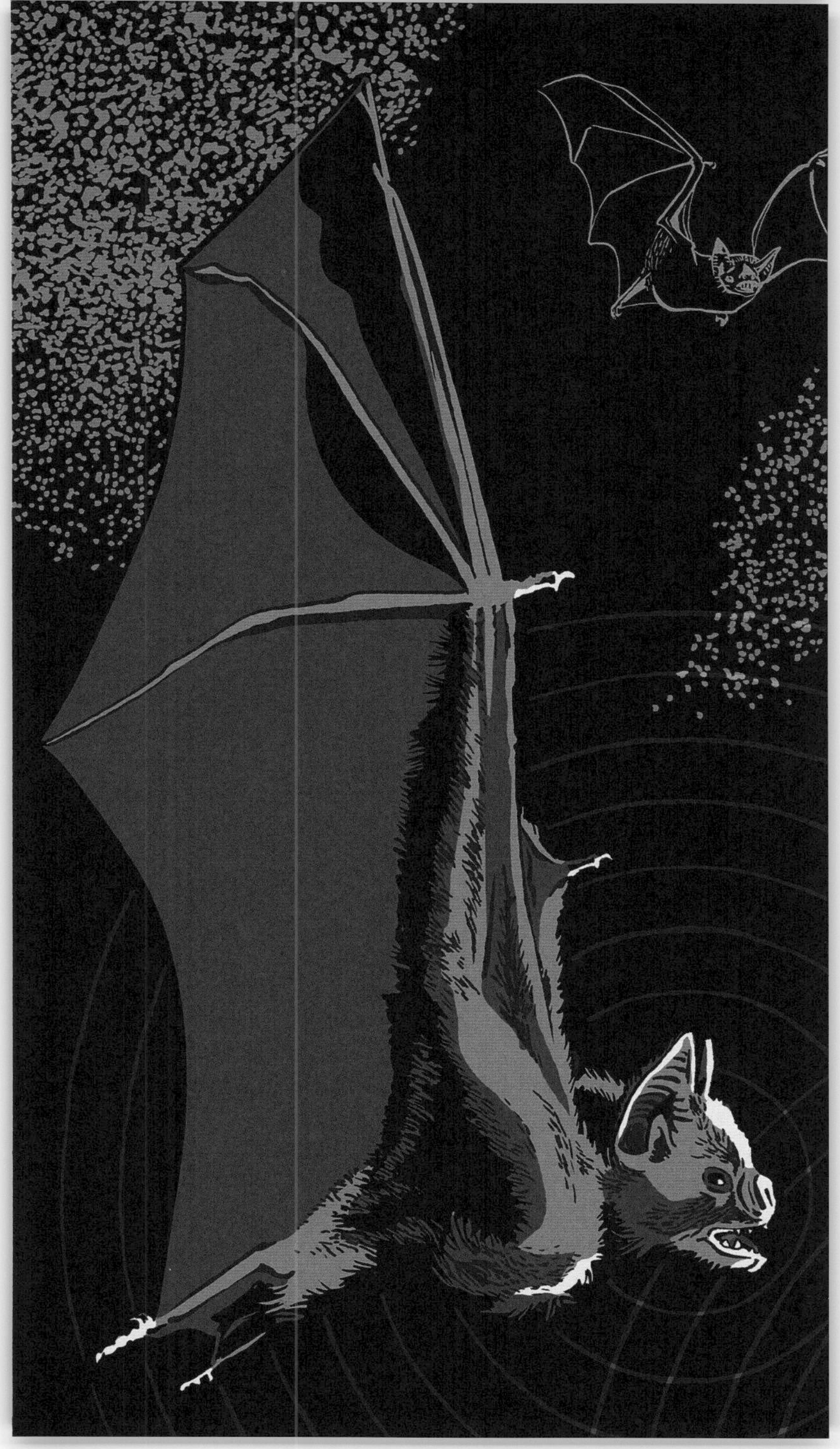

den Kot der Fledermäuse ein. Siebzig dieser Kot-Proben reinigten die BiologInnen und untersuchten sie mit einer nobelpreisgekrönten Erbsubstanz-Vervielfältigungs-Technik auf menschliche Spuren. Und wirklich: Die Tiere saugten keineswegs nur an Hühnern, sondern auch an Menschen. »Das war ganz neu«, meldete das Team, »vielleicht haben die Tiere sich auf Menschenblut eingestellt, weil immer mehr Menschen in der ansonsten dünn besiedelten Region leben. Oder die Menschen rauben den Vögeln ihren Lebensraum, sodass die Fledermäuse mangels Vögeln gezwungen sind, auf Menschen umzusteigen. Oder beides.«

Der eigentlich traurige Befund, dass die Ausbreitung des Menschen zu Vogel- und damit auch Vogelblut-Knappheit für Fledermäuse führt, gefiel auch dem Spaßnobelpreis-Ausschuss. An der Harvard-Universität in den Vereinigten Staaten verleihen wir jährlich die Ig-Nobelpreise. Im Jahr 2017, also gleich im Jahr nach der Veröffentlichung ihrer Blutbefunde, verliehen wir dem brasilianischen Forscherinnen- und Forscher-Team einen solchen. Da wir den Biologie-Ig-Nobelpreis in jenem Jahr schon an ein japanisch-brasilianisch-schweizerisches Team für die Beschreibung der Geschlechtsorgane von Höhleninsekten vergeben hatten, erfanden wir für die Fledermaus-Gruppe den Ig-Nobelpreis für Ernährung.

Zwar schafften es die fledermausforschenden Kolleginnen und Kollegen aus Brasilien nicht zu den Gringos nach Nordamerika, sie sandten uns aber eine coole Dankes-Botschaft per Video. Im ehrwürdigen und holzgetäfelten Sanders-Hörsaal der Universität Harvard wurde sie bei der Preisverleihung abgespielt.

Postscriptum: Meine Frau merkte soeben an, dass sie etwas anderes viel spannender fände, nämlich, dass sich Vampirfledermäuse – O-Ton – »blutige Küsschen« gäben. Ich war argwöhnisch, doch zu Unrecht.

Im Jahr 2020 veröffentlichte ein Biologinnen- und Biologen-Team aus Konstanz, Berlin und den Vereinigten Staaten die Ergebnisse ihres über ein Jahr dauernden Tests, in dem sie

Fledermäuse aus verschiedenen Stellen in Panama miteinander bekannt machten. Die Tiere freundeten sich an, indem sie sich gegenseitig putzten und Blut hervorwürgten. Sie kennen das ja schon: Je mehr die eine Vampirfledermaus eine andere krault, umso mehr Blut springt dabei heraus.

Im Versuch wollten die Fledermäuse das Blut, weil sie hungrig waren, denn vom Kuscheln allein wird niemand satt. Zärtlichkeiten sind in diesem Fall aber weniger aufwändig, denn kraulen und betteln kosten in der Währung der Natur, den Kalorien, weniger als ein Nahrungsgeschenk. Wer ordentlich kuschelt, erhält im Gegenzug ein wertvolleres Geschenk. Spannend ist, dass Fledermäuse am liebsten in ihrer Familie teilen (und kuscheln). Wenn ihre Homies aber nicht da sind, dann versuchen sie es auch anderswo und bieten ihre Freundschaft und manchmal auch Liebe an, um an ausgewürgtes Blut zu gelangen.

Durch Kuscheln und Blut finden Kammzahn-Fledermäuse also auch außerhalb der nahen Verwandtschaft Freundinnen und Freunde. Beim Menschen klappt das ebenfalls, beispielsweise bei einem Abendessen im Kerzenlicht, einer Schachtel Süßigkeiten, einem Sixpack Bier oder einer Flasche Sekt: Alles Nahrungsgeschenke. Bei Spinnen und Tanzfliegen ist ein zuvor erbeutetes Insekt die tierkundlich genannte »Brautgabe«, bei Schnabelfliegen ein Speicheltropfen und bei Glühwürmern eine frisch hergestellte Spirale aus Sperma. All das wird bei Tieren jeweils vom Weibchen verzehrt, solange die Paarung dauert. Je größer das Geschenk, desto eher und länger die Paarung.

Damit sind wir am Ende unserer Reise ins Reich der Thiere. Die Glühwürmer haben uns noch einmal kurz besucht und es gab Sex, Geschenke und erbrochenes Blut. Mehr geht nicht.

Wenn Ihnen unser Ausflug Freude gemacht hat, ziehen Sie gerne hinaus und entdecken ihre persönlichen Lieblingslebewesen. Auch dem Silberfisch wohnt ein glitzeriger Zauber inne. Oder schreiben Sie dem Verlag. Vielleicht gibt es dann einen zweiten Band mit märchenhaften, aber wahren Bildern von Kat Menschik und Geschichten von mir aus Lebens-Gebieten, die wilder und freier sind als Menschen. Wir sind nur kurzzeitige Gäste auf der Erde und dürfen mit Staunen und Lachen auf ihr leben, bis alles zusammenfällt.

Wie Gandalf im Eingangszitat schon sagte, müssen wir nichts anderes tun, als zu entscheiden, was wir mit unserer Lebenszeit anfangen. Am schönsten ist sie gemeinsam und verbunden mit all dem Leben, das uns umschwirrt und umstreift.

Literaturverzeichnis und Quellen

Bitte wundern Sie sich nicht über teils unerwartete Schreibweisen in diesem Abschnitt. Ich habe sie aspergerisch geprüft; die Titel stimmen, auch wenn sie manchmal falsch wirken. Einige Tier-Veröffentlichungen von mir habe ich an passender Stelle eingeschmuggelt, damit Sie noch besser verstehen, wie weit und tief ich die Tierwelt liebe.

Alexandersittiche

Anon. (2017) Kriminalbiologe Mark Benecke: »Kö-Papageien gab es zuerst in Köln«. Rheinische Post, 7. Nov. 2017, online https://rp-online.de/nrw/staedte/duesseldorf/koe-papageien-gab-es-zuerst-in-koeln_aid-20700913

Mark Benecke (2017) Free-living parrots: Halsbandsittiche. 9. April 2017, https://youtu.be/QOTfDmgl2Jw

Michael Braun (2004) Neozoen in urbanen Habitaten: Ökologie und Nischenexpansion des Halsbandsittichs (*Psittacula krameri* SCOPOLI, 1769) in Heidelberg. Diplomarbeit, Fachbereich Biologie Philipps-Universität Marburg – Spezielle Zoologie. Marburg / Lahn, Februar 2004

Ulrike Ernst (1995) Afro-asiatische Sittiche in einer mitteleuropäischen Großstadt: Einnischung und Auswirkungen auf die Vogelfauna. Jahrbuch für Papageienkunde 1:23–114

Aline Friedrich (2016) Untersuchungen zu Brutvorkommen und Siedlungsdichte des Halsbandsittichs (*Psittacula krameri)* in Mainzer Parkanlagen und Grünflächen. Bachelor-Arbeit, Fachhochschule Bingen, doi 10.13140/RG.2.1.4274.9209

Handbook of the Birds of the World (Alive) (2019) Family Parrots (Psittacidae)

Ragnar Kinzelbach (1997) Vögel in römischer Zeit. Beiträge zur Archäozoologie und Prähistorischen Anthropologie 1:30–41

Alexandrine Parakeet (*Psittacula eupatria*): Near Threatened. https://hbw.com/species/alexandrine-parakeet-psittacula-eupatria [im Original: »*Generally loud and harsh, or piercing, and repertoire very varied.*«]

Helmut Pinter (1979) Handbuch der Papageienkunde. Stuttgart, Kosmos, ISBN 3-440-04752-0
Giovanni Baptista Ramusio, Cristoforo Colombo (Hrsg.) (1556) Delle navigationi et viaggi (Band 3): Nel quale si contengono le navigationi al mondo nuovo, alli antichi incognito, fatte da Don Christoforo Colombo Genovese (...). Venedig, Giunti, doi 10.11588/diglit.9379
Jana Romero (2017): Das Konfliktfeld um den Halsbandsittich als invasive Art im Kölner Süden. Bachelor-Arbeit. Geographisches Institut, Rheinische Friedrich-Wilhelms-Universität Bonn. 31. Juli 2017

BARKS' THIERLEBEN

Carl Barks (1958) Donald Duck: Ein Meister seines Fachs (The Fast Mover) *[Cracula papperlapappa]* Walt Disney's Comics and Stories (WDC) 222/1
Carl Barks (1950) Donald Duck und das mathematische Wundertier / Der zählende Papagei (The Pixilated Parrot) *[Psittacus comptator]* Barks Library (BL) DD 15
Carl Barks (1945) Lore aus Singapore *[Psittacus singapurensis]* Barks Library (BL) WDC 7 WDC 65/1
Carl Barks (1949) Kampf der Echos (Ostsibirischer Korjackenknacker / *Upupacoriacus sp.*) Walt Disney's Comics and Stories 105/1
Oliver Martin, paTrick Martin, Peter Jacobsen, Klaus Harms (2001) Barks' Thierleben. Biodiversität in Entenhausen. Eigentlich geplant als Begleitheft zu[r] Sonderausstellung des Staatlichen Museums für Naturkunde. Der Donaldist, Deutsche Organisation nichtkommerzieller Anhänger des lauteren Donaldismus, Sonderheft 40 [2. Aufl. (2012) als *Begleitheft zur gleichnamigen Ausstellung im Naturkunde-Museum Bamberg*; https://donald.org/uploads/downloads/Forschung/BarksThierleben2%20klein.pdf]

BESCHÄMTE HUNDE

Julie Hecht, Ádám Miklósi, Márta Gácsi (2012) Behavioral assessment and owner perceptions of behaviors associated with guilt in dogs. Applied Animal Behaviour Science 139:134–142, doi: 10.1016/j.applanim.2012.02.015
Alexandra Horowitz (2009) Disambiguating the ›guilty look‹: Salient prompts to a familiar dog behaviour. Behavioural Processes 81:447–452, doi 10.1016/j.beproc.2009.03.014
Ljerka Ostojić, Mladenka Tkalčić, Nicola Clayton (2015) Are owners' reports of their dogs' ›guilty look‹ influenced by the dogs' action and evidence of the misdeed? Behavioural Processes 111:97–100, doi 10.1016/j.beproc.2014.12.010

Ernő Téglás, Anna Gergely, Krisztina Kupán, Ádám Miklósi, József Topá (2012) Dogs' gaze following is tuned to human communicative signals. Current Biology 22:209–212, doi 10.1016/j.cub.2011.12.018

Betrunkene Elche

Anonymus (1747) Dänische Bibliothec oder Sammlung von alten und neuen gelehrten Sachen aus Dännemarck, neuntes Stück [Band 9], IV. [4. Abschnitt] Samlung verschiedener Briefe und Nachrichten, welche des berühmten Methamatici Tychonis Leben, Schriften und Schicksale betreffen, und theils von ihm selbst, theils aber von anderen verfasset sind, Copenhagen, Königliches Wäysenhaus, Gottmann Friderich Risel, S. 229–280

Mark Benecke (2020) Ehre & Duelle. In: Mordmethoden, 21. Auflage [1. Aufl.: 2004], S. 19–25, Köln, Lübbe, ISBN 978-3-404-60545-3

Mark Benecke (2004) The Search for Tycho Brahe's Nose. Annals of Improbable Research 10, Heft Juli/Aug. 2004:6–7

Alfred Brehm (1883) Brehms Thierleben. Allgemeine Kunde des Thierreichs, Erster Band, Erste Abtheilung: Säugethiere, Erster Band: Affen und Halbaffen, Flatterthiere, Raubthiere. Leipzig, Verlag des Bibliographischen Instituts

John Louis Emil Dreyer (1890) Tycho Brahe: a picture of scientific life and work in the sixteenth century. Edinburgh, Adam and Charles Black, S. 210, ISBN 978-0-7661-8529-6

Pierre Gassendi (1655) Tychonis Brahei, equitis dani, astronomorum coryphaei vita. Editio secunda, auctior et correctior. Hagae-Comitum, ex typographia Adriani Vlacq (La Haya, Adriaan, imp.)

Jan Herain, Jindřich Matiegka (1901) Tycho Brahe. Časopis Společnosti přátel starožitností v Praze 9:105–130

Jan Herain, Jindřich Matiegka (1901) Bericht über die Auffindung und Untersuchung der Gebeine Tycho Brahe's. Das Weltall: Illustrierte Zeitschrift für Astronomie und verwandte Gebiete 2:33–40

Erik Høg (2006) The landgrave in Kassel and Tycho Brahe on Hven. Astronomia Dinámica en Latinoamérica / RevMexAA(SC), https://astro.ku.dk/~erik/xx/Erik2.Hoeg.Oral.Tycho.pdf

Wilhelm Norlind (1970) Tycho Brahe. En levnadsteckning med nya bidrag belysande hans liv och verk. In: Skånsk senmedeltid och renässans – 8. 9. Aufl. (1. Aufl.: 1951), Lund, Gleerup

Eduard Pechuel-Loesche (1891) Elentiere. In: Brehms Tierleben. Allgemeine Kunde des Tierreichs. Dritte, gänzlich neubearbeitete Auflage. Säugetiere – Dritter Band: Rüsseltiere, Unpaarzeher, Paarzeher, Sirenen, Waltiere, Beuteltiere, Gabeltiere. Leipzig und Wien, Bibliographisches Institut, S. 435–447

Glühwürmer

Bruce Branchini, Tara Southworth, Leah Salituro, Danielle Fontaine, Yuichi Oba (2017) Cloning of the Blue Ghost *(Phausis reticulata)* luciferase reveals a glowing source of green light. Photochemistry and Photobiology 93:473– 478, doi 10.1111/php.12649

John & Elisabeth Buck (1966) Biology of synchronous flashing of fireflies. Nature 211:562–564, doi 10.1038/211562a0

Eric Denton, P. Herring, E. Widder, M. Latz, J. Case (1985) The roles of filters in the photophores of oceanic animals and their relation to vision in the oceanic environment. Proceedings of the Royal Society B: Biology 225:63–97, doi 10.1098/rspb.1985.0051

General Assembly of the Commonwealth of Pennsylvania (1974) Firefly – official insect of Pennsylvania. Act of April 10, 1974, P.L. 247, No. 59, Cl. 71, https://www.legis.state.pa.us/WU01/LI/LI/US/HTM/1974/0/0059..htm

Jean-Henri Fabre (1907) Le ver luisant. In: Souvenirs entomologiques, Série X, Note (Original verfasst 1886); deutsch in: Provenzalische Erinnerungen (2016), 11. Serie, 11.2., hrsg. u. übers. v. Franz-Josef Wittmann, lulu.com, S. 41–61, ISBN 978-1-326-34142-8

Fireflyers International Network (2020) World Firefly Day. With Raphaël De Cock, Marc Branham & Malaysian Nature Society (MNS) / Persatuan Pencinta Alam Malaysia, https://fireflyersinternational.net/world-firefly-day

Jennifer Frick-Ruppert, Joshua Rosen (2008) Morphology and behavior of *Phausis reticula (Blue Ghost firefly)*. Journal of the North Carolina Academy of Science, 124:139–147

Hans-Eckhard Gruner (1954) Leuchtende Tiere. Wittenberg Lutherstadt, Ziemsen

Katharina Krischer (2006) Von Glühwürmchen und Elektroden. Wie Strukturen aus ungeordneter Materie entstehen. In: Konrad Sandhoff, Wolfgang Donner u.a. (Hrsg.) Vom Urknall zum Bewusstsein – Selbstorganisation der Materie. Verhandlungen zur 124. Versammlung der Gesellschaft Deutscher Naturforscher und Ärzte in Bremen; hier S. 133–149 (darin Verweis auf Glühwurm-Synchronisation: S. 145)

Sara Lewis, Adam South (2012) The evolution of animal nuptial gifts. Advances in the Study of Behavior 44:53–97, doi 10.1016/B978-0-12-394288-3.00002-2

Sara Lewis (2016) Silent sparks: The wondrous world of fireflies. Princeton, Princeton University Press, ISBN 978-0-6911-6268-3

James Lloyd (1975) Aggressive mimicry in *Photuris* fireflies: Signal repertoires by femmes fatales. Science 187:452–453, doi 10.1126/science.187.4175.452

James Lloyd (2018) A naturalist's long walk among shadows: of North American Photuris – patterns, outlines, silhouettes ... echoes. Gainesville, Florida, Self-published, 477 Seiten, http://entnemdept.ufl.edu/lloyd/firefly/Lloyd_2018.pdf

Yuichi Oba, Marc Branham, Takema Fukatsu (2011) The terrestrial bioluminescent animals of Japan. Zoological Science 28:771–789, doi 10.2108/zsj.28.771

Nobuyoshi Ohba (2004) Flash communication systems of japanese fireflies. Integrative and Comparative Biology 44:225–33, doi 10.1093/icb/44.3.225

Lorenz Oken (1836) Allgemeine Naturgeschichte für alles Stände. Fünften Bandes dritte Abtheilung oder Thierreich, zweiten Bandes letzte Abtheilung. Hoffmann'sche Verlagsbuchhandlung, Stuttgart, S. 1691–1693; 1736–1742

Werner Pieper (2011) Glühwürmchen: Geschichten über unsere wunderlichen, giftkillenden, sexbesessenen Lichtwesen. Birkenau-Löhrbach, Verlag Grüne Kraft, ISBN 978-3-930442-77-5

Ernst Ludwig Taschenberg (1878) Was da kriecht und fliegt! Bilder aus dem Insektenleben mit besonderer Berücksichtigung der Verwandlungsgeschichte. Zweite, neu bearbeitete Auflage. Berlin, Wiegandt, Hempel und (Paul) Parey Bibliographisches Institut, S. 114–121

Ernst Ludwig Taschenberg (1882) Brehms Tierleben. Insekten. In: Allgemeine Kunde des Tierreiches. Dritte, gänzlich neubearbeitete Auflage. Herausgegeben von Prof. Dr. [Eduard] Pechuel-Loesche. Leipzig & Wien, Bibliographisches Institut, S. 114–121

Vadim Viviani, Etelvino Bechara (1997) Bioluminescence and biological aspects of Brazilian Railroad-Worms (Coleoptera: Phengodidae). Annals of the Entomological Society of America 90:389–398, doi 10.1093/aesa/90.3.389

Haustiere, die Menschen essen

Anonymus (2019) Besuch in Kölner Tierheim: Wieso der Forensiker Mark Benecke Pate von fünf Katzen wird. Rheinische Post, 15. Juli 2019, online https://rp-online.de/nrw/staedte/koeln/koeln-mark-benecke-wird-pate-von-fuenf-katzen-im-tierheim-koeln-dellbrueck_aid-44078101

Mark Benecke (2019) Vampirkatzen. https://youtu.be/oMCVPIopuQQ

Claas Buschmann, Detlev Wrobel, Michael Tsokos (2008) Postmortaler Genitalfraß durch einen Mischlingshund. Archiv für Kriminologie 222:182–186

Dennis Chute, Robert Bready (2017) A case of postmortem canine depredation. The American Journal of Forensic Medicine and Pathology 38:100–102, doi: 10.1097/PAF.0000000000000303

Thomas Colard, Yann Delannoy, Stephan Naji, Didier Gosset, Kristen Hartnett, Bécart A (2015) Specific patterns of canine scavenging in indoor

settings. Journal of Forensic Sciences 60:495–500, doi 10.1111/1556-4029.12684
Zerrin Erkol, Erdem Hösükler (2018) Postmortem Animal Attacks on Human Corpses. In: Kamil Hakan Dogan (Hrsg.) Post Mortem Examination and Autopsy. Current Issues: From Death to Laboratory Analysis, doi:10.5772/intechopen.72929
Ophélie Ferrant, Frédérique Papin, Claire Elisabeth Dupont-Lucas, Bénédicte Clin, Emmanuel Babin (2008) Injuries inflicted by a pet ferret on a child: morphological aspects and comparison with other mammalian pet bite marks. Journal of Forensic and Legal Medicine 15:193–197
Sara Garcia, Alexander Smith, Christiane Baigent, Melissa Connor (2019) The scavenging patterns of feral cats on human remains in an outdoor setting. Journal of Forensic Sciences, Nov 8, 2019 [Epub ahead of print], doi 10.1111/1556-4029.14238
William Haglund, Donald Reay, Daris Swindler (1989) Canid scavenging/disarticulation sequence of human remains in the Pacific northwest. Journal of Forensic Sciences 34:587–606, doi 10.1520/JFS12679J
Walter Klippel, Jennifer Synstelien (2007) Rodents as Taphonomic Agents: Bone Gnawing by Brown Rats and Gray Squirrels. Journal of Forensic Sciences 52:765–773, doi 10.1111/j.1556-4029.2007.00467.x
Lauren Meckel, Chloe McDaneld, Daniel Wescott (2018) White-tailed deer as a taphonomic agent: photographic evidence of white-tailed deer gnawing on human bone. Journal of Forensic Sciences 63:292–294, doi 10.1111/1556-4029.13514
Nicole Reeves (2009) Taphonomic effects of vulture scavenging. Journal of Forensic Sciences 54:523–528, doi 10.1111/j.1556-4029.2009.01020.x
Dirk Ropohl, Richard Scheithauer, Stefan Pollak (1995) Postmortem injuries inflicted by domestic golden hamster: morphological aspects and evidence by DNA typing. Forensic Science International 72:81–90, doi 10.1016/0379-0738(94)01675-u
Markus Rothschild, Volkmar Schneider (1997) On the temporal onset of postmortem animal scavenging. »Motivation« of the animal. Forensic Science International 89:57–64, doi 10.1016/s0379-0738(97)00112-6
Katherine Spradley, Michelle Hamilton, Alberto Giordano (2012) Spatial patterning of vulture scavenged human remains. Forensic Science International 219:57–63
Nina Stampflmeier (2019) »Dr. Made« ist jetzt Katzen-Pate. Vierbeiner lebten einen Monat lang neben totem Herrchen. Bild Köln, 15. Juli 2019, online https://bild.de/regional/koeln/koeln-aktuell/sie-lebten-neben-totem-herrchen-dr-made-ist-jetzt-katzen-pate-63308594.bild.html
Dawnie Steadman, Heather Worne (2007) Canine scavenging of human remains in an indoor setting. Forensic Science International 173:78–82, doi 10.1016/j.forsciint.2006.11.011
Ananya Suntirukpong, Robert Mann, John DeFreytas (2017) Postmortem

scavenging of human remains by domestic cats. Siriraj Medical Journal 69:384–387

Michael Tsokos, Matschke J, Gehl A, Koops E, Klaus Püschel (1999) Skin and soft tissue artifacts due to postmortem damage caused by rodents. Forensic Science International 104:47–57, doi 10.1016/s0379-0738(99)00098-5

Jayanie Weeratna, S. Amararathna, R. Ranasinghe, Muditha Vidanapathirana (2014) Sri Lanka Journal of Forensic Medicine, Science & Law 5(1): 2–8, doi 10.4038/sljfmsl.v5i1.7743

Kopffüssler

Caroline Albertin, Oleg Simakov, Therese Mitros, Yan Wang, Judit Pungor, Eric Edsinger-Gonzales, Sydney Brenner, Clifton Ragsdale, Daniel Rokhsar (2015) The octopus genome and the evolution of cephalopod neural and morphological novelties. Nature 524:220–224

Wilhelm Angermeier, Mark Benecke, Britta Göhlen, Vera Kolloch (1993) Inhibitory learning and memory in the topshell *(Monodonta lineata)*. Bulletin of the Psychonomic Society 31:529–530 [Lern-Experimente mit Schnecken]

Anonymus (2001) In schwierigen Zeiten mit Aktien operiert. Der Spiegel 36/2001, S. 232; online https://www.spiegel.de/spiegel/print/d-20017865.html

Anonymus (2010) Oberhausener Orakel: Krake Paul tippt auf Deutschland und Spanien. Die Welt, 9. Juli 2010, https://welt.de/vermischtes/article8384273/Krake-Paul-tippt-auf-Deutschland-und-Spanien.html

AP (2010) World Cup Final: A Battle of Octopus vs. Parakeet. Online unter anderem unter https://cbsnews.com/news/world-cup-final-a-battle-of-octopus-vs-parakeet/

Mark Benecke (2020) Börsenhandel und Idiotie. In: Lachende Wissenschaft, 9. Auflage, S. 114–116, Lübbe, Köln, ISBN 978-3-404-60556-9

Mark Benecke (2020) Tintenfische in Irland. In: Mein Leben nach dem Tod, S. 88–92, Lübbe, Köln, ISBN 978-3-431-04133-0

Pauline Billard, Alexandra Schnell, Nicola Clayton, Christelle Jozet-Alves (2020) Cuttlefish show flexible and future-dependent foraging cognition. Biology Letters 16:20190743, doi 10.1098/rsbl.2019.0743

ddp (2010) Pauls Orakel-Fähigkeit alles nur Zufall? Unter anderem in: Der Westen, 12. Juli 2010, https://derwesten.de/incoming/pauls-orakel-faehigkeit-alles-nur-zufall-id3377956.html

Doyne Farmer, Paolo Patelli, Ilija Zovko (2005) The predictive power of zero intelligence in financial markets. In: Proceedings of the National Academy of Sciences of the United States of America 102:2254–2259

Noa Liscovitch-Brauer, Shahar Alon, Hagit Porath, Boaz Elstein, Ron Unger, Tamar Ziv, Arie Admon, Erez Levanon, Joshua Rosenthal, Eli Eisenberg

(2017) Trade-off between transcriptome plasticity and genome evolution in cephalopods. Cell 169:191–202, doi 10.1016/j.cell.2017.03.025

Shuichi Shigeno, Paul Andrews, Giovanna Ponte, Graziano Fiorito (2018) Cephalopod brains: An overview of current knowledge to facilitate comparison with vertebrates. Frontiers in Physiology 9:952, doi 10.3389/fphys.2018.00952

Martin Wells (1962) Brain and behavior in cephalopods. Stanford, CA, Stanford University Press, ISBN 978-0-435-62935-9

Masa-aki Yoshida, Atsushi Ogura, Kazuho Ikeo, Shuichi Shigeno, Takeya Moritaki, Gabrielle Winters, Andrea Kohn, Leonid Moroz (2015) Molecular evidence for convergence and parallelism in evolution of complex brains of cephalopod molluscs: Insights from visual systems. Integrative and Comparative Biology 55:1070–1083, doi 10.1093/icb/icv049

Meerjungfrauen

Mark Benecke (2018) Einhörner & Errol Flynn: Hinter den Kulissen des Naturkunde-Museums in Berlin. https://www.youtube.com/watch?v=aawv71EWovk

Olaf Fritsche (2018) Gibt es Geisterschiffe wirklich? Reinbek, Rowohlt, S. 149–170

Conrad Gessner (1556) De piscibus et aquatilibus omnibus libelli III novi. Authore Conrado Gesnero, medico philosophiae naturalis interprete in Schola Tigurina. [Zürich], Tiguri apud Andream

Conrad Gesner (1670) Genseri redivivi, aucti et emendati. Tomus IV et ultimus. Oder vollkommenes Fisch-Buch. Darstellend: Eine eigentliche und lebendige Abbildung aller sowohl in dem großen mittelländischer Meer als anderen kleinern Meeren, Seen, Flüssen und Wassern durch alle vier Theil der Welt sich enthaltender großer und kleiner Fische und seltsamer Meer-Wunder

Peggy Große, Ulrich Großmann, Johannes Pommeranz (2015) Unheimliche Tiere. In (Dies.): Monster. Fantastische Bilderwelten zwischen Grauen und Komik. Nürnberg, Verlag des Germanischen Nationalmuseums, S. 44–191

Sonnfried Streicher (1982) Fabelwesen des Meeres. Rostock, VEB Hinstorff

Vormahls durch den hochberühmten Herrn Conradum Gesnerum beschrieben. Anjetzo aber von neuem übersehen, corrigiret und umb sehr viel vermehret durch Georg Horstium, Med. D., Frankfurt am Main, Wilhelm Serlin

Yonggang Hu, David Linz, Armin Moczek (2019) Beetle horns evolved from wing serial homologs. Science 366:1004–1007, doi 10.1126/science.aaw2980

Möpse

Alfred Brehm (Ausgaben von 1900 & 1926) Brehms Tierleben [Die im Kapitel über Möpse wiedergegebenen Zitate sind aus mehreren Auflagen von Brehms Werken zusammengestellt. – MB]

Bundestierärztekammer (2019) Kurznasen und Glubschaugen: Nicht süß, sondern gequält! Eine Broschüre zur Aufklärung über das brachycephale Syndrom. https://bundestieraerztekammer.de/tierhalter/downloads/Flyer_Brachycephalie-Hund.pdf

Federation Cynologique Internatinoale / AISBL (2017) DE FCI – Standard Nr. 101: Französische Bulldogge (Bouledogue Français), 27. Jan. 2017, http://fci.be/Nomenclature/Standards/101g09-de.pdf

Nederlandse Omroep Stichting (2019) Nieuwe wapens diereninspecteurs tegen foute hondenfokkerijen. https://nos.nl/artikel/2276463-nieuwe-wapens-diereninspecteurs-tegen-foute-hondenfokkerijen.html

Frauke Rödler (2013/14) Untersuchung zum Einfluss brachyzephaler Fehlbildungen auf verschiedene Lebensbereiche des Hundes anhand einer präoperativen Besitzerbefragung. Dissertation, Veterinärmedizinische Fakultät der Universität Leipzig, https://nbn-resolving.org/urn:nbn:de:bsz:15-qucosa-144342

Ralph Rückert (2017) Bully-Bashing, oder: Die Qualzucht-Rassen Französische Bulldogge, Englische Bulldogge und Mops. Kleintierpraxis Tierarzt Ralph Rückert, https://tierarzt-rueckert.de/blog/details.php?Kunde=1489=3=20194

Marjan van Hagen (2019) Fokken met korsnuitige Honden. Criteria ter handhaving van art. 3.4. Besluit Houders van dieren Fokken met Gezelschapsdieren. Departement Dier in Wetenschap en Maatschappij en het Expertisecentrum Genetica Gezelschapsdieren, in opdracht van het Ministerie van Landbouw, Natuur en Voedselkwaliteit. https://dutchnews.nl/wpcms/wp-content/uploads/2019/03/Fokken_met_kortsnuitige_honden_.pdf

Welttierschutzgesellschaft (2019) Qualzucht im Fokus: Der Mops. https://welttierschutz.org/mops/

Nekrophile Enten

Anonymus (2010) Forscher spüren schwulen Vögeln nach. 27. Aug. 2010, https://queer.de/detail.php?article_id=12647

Mark Benecke (2004) Forensic Entomology Special Issue. Editor: Mark Benecke. Main Reviewer: Jeff Wells. Anil Aggrawal's Internet Journal of Forensic Medicine and Toxicology, p. 1–59, https://researchgate.net/publication/316154994_Forensic_Entomology_Special_Issue_Anil_Aggrawal's_Internet_Journal_of_Forensic_Medicine_and_Toxicology_Editor_Mark_Benecke_Main_Reviewer_Jeff_Wells, ISSN 09728074 (online), ISSN 09728066 (CD)

Mark Benecke (2008) Clandestine necrophilia: probably legal, still a problem. Anil Aggrawal's Internet Journal of Forensic Medicine and Toxicology 9 (2) (July–December 2008): 3, http://anilaggrawal.com/ij/vol_009_no_002/papers/paper003.html, ISSN 09728074 (online), ISSN 09728066 (CD)

Patricia Brennan, Richard Prum, Kevin McCracken, Michael Sorenson, Robert Wilson, Tim Birkhead (2007) Coevolution of Male and Female Genital Morphology in Waterfowl. PLoS ONE, 5: e418, doi 10.1371/journal.pone.0000418

Daniel [Dan] Gillingwater (2014) The Homosexual Necrophiliac Duck Opera. A long overdue opera about sexual attraction and voice pitch. Aufnahmen der Proben: https://youtu.be/7bNb_NdcXy0; Stellungnahme des Komponisten: https://dangillingwater.wixsite.com/homonecroduck/about

Shane Hickey (2014) Singapore libraries to destroy copies of gay penguin book. 12. Juli 2014, online https://theguardian.com/world/2014/jul/12/singapore-libraries-pull-gay-penguin-book

Geoff MacFarlane, Simone Blomberg, Paul Vasey (2010) Homosexual behaviour in birds: frequency of expression is related to parental care disparity between the sexes. Animal Behaviour 80:375–390, doi 10.1016/j.anbehav.2010.05.009

Sara McKearn (2008) Dead Sexy: An Essay on the Ethics of Necrophilia. Anil Aggrawal's Internet Journal of Forensic Medicine and Toxicology 9(2) (July – December 2008): 2, http://anilaggrawal.com/ij/vol_009_no_002/papers/paper002.html, ISSN 09728074 (online), ISSN 09728066 (CD)

Cornelis [Kees] Moeliker (2001) The first case of homosexual necrophilia in the mallard *Anas platyrhynchos* (Aves: Anatidae). Deinsa: Annual of the Natural History Museum Rotterdam [heutiger Name: *Online Journal of the Natural History Museum Rotterdam*] 8:243–247, ISSN 09329308

Kees Moeliker (2018) Der Entenmann: Von Spatzenklöten, aussterbenden Filzläusen und nekrophilen Enten. Mysteriöse Todesfälle aus dem Tierreich. Aus dem Niederländischen von Gerrit ten Bloemendal. Hamburg, Edel Books, ISBN 978-3-8419-0610-6

Urs Willmann (2018) »Drohende Intimrasurkatastrophe« – Hilfe, das Biotop der Filzläuse stirbt! Ein Gespräch mit einem Museumsdirektor, der skurrile Schicksale toter Tiere sammelt. Druck: Die ZEIT 38/2018, 13. Sept. 2018; online bearbeitet 16. Sept. 2018, https://zeit.de/2018/38/kees-moeliker-tote-tiere-biotop-filzlaeuse-museum

Pfeilstörche

Christian Ludwig Brehm (1824) Lehrbuch der Geschichte aller europäischen Vögel. Band 2, Jena, August Schmidt [S. 536: *»wandert regelmäßig und in großen Flügen«*]

Christian Ludwig Brehm (1861) Das Leben der Vögel. Dargestellt für Haus und Familie. Prachtausgabe mit 24 Abbildungen und drei Tafeln in Farbendruck. Glogau, Carl Flemming [ab S. 617: im Text eingestreut ausführlichere Darstellung zum Zug der Weißstörche]

Conrad Geßner (1600) Von dem Storcken. In: Vogelbuch oder Außfuehrliche beschreibung und lebendige ja auch eygentliche Controfactur und Abmahlung aller und jeder Vögel wie dieselben unter dem weiten Himmel allenthalben gefunden und gesehen werden. [...] Erstlich durch den hochgelehrten Herrn Doctorn Conrad Geßnern in Latein beschrieben. Nachmals aber durch Rudolff Heußlein in hoch Teutsch versetzt, jetzt an vielen orten castigirt und verbessert. Frankfurt am Main, Robert Campiers Erben; hier Seiten 491–492

Ragnar Kinzelsbach (2005) Das Buch vom Pfeilstorch. Marburg (Lahn), Basilisken-Presse

Pudel

Anonymus (o. J.) Urpudel-Schurarten. http://urpudel.de/html/body_schur arten.html

Hanns Bächtold-Stäubli (1929/1930) Handwörterbuch des deutschen Aberglaubens, Band II, Spalten 777–780. In: Verband Deutscher Vereine für Volkskunde (Hrsg.) Handwörterbücher zur Deutschen Volkskunde, Abt. 1: Aberglaube. Berlin & Leipzig, Walter de Gruyter

Federation Cynologique Internationale / AISBL (2017) DE FCI – Standard Nr. 172: Pudel (Caniche), 21. Sept. 2016, http://fci.be/Nomenclature/Standards/172g09-de.pdf

Hans Räber (2001) Der Papagei hat keine Ohren, der Pudel ist meist halb geschoren! In: Ders.: Enzyklopädie der Rassehunde: Ursprung, Geschichte, Zuchtziele, Bd. 1: Bauern-, Hirten- und Treibhunde, Schäferhunde, Doggenartige Hunde, Pinscherartige Hunde, Spitzartige Hunde, Nordische Hunde, Schensihunde, Zwergpudel, Pudel, Dalmatiner. 2. Aufl. (1. Aufl.: 1993), S. 734, Stuttgart, Franckh-Kosmos, ISBN 978-3-440-08235-5

Hans Thum (1967) Mein Freund, der Pudel. 9. Auflage [1. Aufl.: 1956]. München, Gersbach Sohn Verlag, ISBN 978-3-87253-597-9

Rotbeiniger Schinkenkäfer

C. Allaud (1908) Notes sur les coléopteres trouvés dans les Momies d'Égypte. Bulletin de la Société entomologique d'Égypte 1:29–36

Hanns Bächtold-Stäubli, Eduard Hoffmann-Krayer (1936/1937) Todesvorzeichen. In: (Dies.) Handwörterbuch des deutschen Aberglaubens, Band 8, Spalte 996. Berlin, Walter de Gruyter

Mark Benecke (1998) Six forensic entomology cases: description and commentary. Journal of Forensic Sciences 43:797–805; 1303

Jean-Bernard Huchet (2010) Archaeoentomological study of the insects remains found within the mummy of *Namenkhet Amon* (San Lazzaro Armenian Monastery, Venice/Italy). Advances in Egyptology 1:59–80

Hermann Levinson, Anna Levinson (1990) Die Ungezieferplagen und Anfänge der Schädlingsbekämpfung im Alten Orient. Anzeiger für Schädlingskunde, Pflanzenschutz, Umweltschutz 63:81–96

Thomas Joseph Pettigrew (1834) A history of Egyptian mummies, and an account of the worships and embalming of the sacred animals by the Egyptians. London, Longman, Rees, Orme, Brown, Green, and Longman

Sara Savoldelli, Mirko Frignani, Luciano Süss (2018) *Necrobia rufipes* (De Geer): an emerging pest associated with pet store chain in Europe. Julius-Kühn-Archiv des Bundesforschungsinstitutes für Kulturpflanzen 463:126–127

Perez Simmons, George Ellington (1925) The Ham Beetle, *Necrobia rufipes* De Geer. Journal of Agricultural Research 30:845–863

Wolfgang Stein (1986) *Necrobia rufipes* (DeGeer), Koprakäfer, Rotbeiniger Schinkenkäfer. In: Vorratsschädlinge und Hausungeziefer. Verlag Eugen Ulmer, S. 226–227, ISBN 978-3-8001-3066-5

Herbert Weidner, Udo Sellenschlo (2003) Vorratsschädlinge und Hausungeziefer. Bestimmungstabellen für Mitteleuropa. 6. Auflage, Berlin, Spektrum Akademischer Verlag, S. 114, ISBN 978-3-8274-1439-7

Silberfischchen

Robert Hooke (1665) Micrographia: or some physiological descriptions of minute bodies made by magnifying glasses with observations and inquiries thereupon. London, Jo.[hn] Martin & Ja.[mes] Allestry for the Royal Society, hier: Tafel 33, Abb. 3 (zwischen Seite 206 und 207) sowie Text-Seiten 208–210

Oberlandesgericht Hamm (12. Juni 2017) Bei einer zu Wohnzwecken bestimmten Immobilie ist es nicht ungewöhnlich, dass ein Grundbestand von Silberfischchen vorhanden ist. Urteil des 22. Zivilsenates, Az. 22 U 64/16, ECLI:DE:OLGHAM:2017:0612.22U64.16.00, http://justiz.nrw.de/nrwe/olgs/hamm/j2017/22_U_64_16_Urteil_20170612.html

Herbert Widener, Fritz Diehl (1946) Tierische Schädlinge. 128 tierische Schädlinge in Bildern. Hamburg, Nölke, S. 81

Stare

Mark Benecke (2020) Starlings birds in Berlin: Stare am Alexanderplatz und eine Krähe am Hauptbahnhof Berlin, https://youtu.be/skJZYEE7sOI

Johann Friedrich Blumenbach (1799) *Sturnus*: In: (Ders.) Handbuch der Naturgeschichte. Sechste Auflage. V. Abschnitt, V. Abt.: Passeres. Göttingen, Johann Dieterich, S. 170–171

Friedrich Wilhelm Brendel (um 1880) Erzählungen aus dem Leben der Thiere. Zweiter Band. Vierte Auflage. Glogau, Carl Flemming

Conradum Gesnerum (1669) Gesneri redivivi, aucti emendati. Tomus II. Oder vollkommenes Vogel-Buch. Nach dem lateinischen Drucke von neuem übersehen [...] und der gewissen Erfahrung gemäß verbessert und aus der alten gar unverständlichen Dolmetschung in eine recht deutliche und saubere teutsche Sprache gebracht [...] durch Georgium Horstium. Frankfurt am Main, Wilhelm Serlin

Conrad Gesner (1606) Thierbuch, das ist ausführliche Beschreibung und lebendige, ja auch eigentliche Contrafactur und Abmahlung aller Vierfüssigen Thieren so auf der Erden um im Wasser wohnen. Heidelberg, Johann Lacellot / Andreae Cambier

Harald Othmar Lenz (1875) Gemeinnützige Naturgeschichte, 2. Band: Die Vögel, 5. Auflage, bearbeitet von O. Burbach. Gotha, E. F. Thienemann's Hofbuchhandlung

Wilhelm Lackowitz (ca. 1910) Das Buch der Tierwelt. Schilderungen aus dem gesamten Tierleben in Lebensbildern und Charakterzeichnungen, sowie hochinteressante Jagdgeschichten und wilde Szenen in allen Zonen. 107. [sic], verbesserte und vermehrte Auflage. Berlin, Herlet, S. 575–579

Phillip Leopod Martin (Hrsg.) (1884) Illustrirte Naturgeschichte der Thiere. Erster Band. Zweite Abtheilung. Philipp Martin: Vögel. Sturnidae (Linné): Staare. Leipzig, F. Brockhaus, S. 329 ff.

Adolf Müller, Karl Müller (1869) Aus dem Reiche des Lebens in Pflanzen-, Thier und Menschenwelt. Aus der Thierwelt 1: Wohnungen, Leben und Eigenthümlichkeiten im Reiche der Säugethiere und Vögel. Leipzig, Otto Spamer, S. 303–305

Carl Neumann (1924) Brehms Tierleben. Sechs Bände mit 150 Bildtafeln. Vierter Band: Vögel I. Singvögel, Spechte, Kuckuke, Sitzfüßler, Schwirrvögel, Tauben, Papgeien. Leipzig, Reclam

Peter Neumann (2020) Tiere im Berliner Verkehr: Stare fahren mit der S-Bahn, Wildschweine warten an der Ampel auf Grün. Berliner Zeitung, 1. Februar 2020, https://berliner-zeitung.de/mensch-metropole/wildtiere-im-berliner-verkehr-li.5989

T(H)IERBÜCHER

Mark Benecke (1993) Cand. rer. nat. Mark Beneckes zu illustrierendes Tierleben. Für große und kleine Leute. Verlag der Schillerbuchhandlung Hans Banger, Köln, ISBN 978-3-9802703-5-9

Mark Benecke (Hrsg.) (2020) Schorn & Schorn. Blutsauger als Heimtier und Heilmittel. Hamm, Eygennutz, ISBN 978-3-946643-09-8

Jean-Henri Fabre (2011–2015) Erinnerungen eines Insektenforschers. Berlin, Matthes & Seitz [Werkausgabe]

Conrad Gesner (1583) Thierbuch. Das ist ein kurtze beschreybung aller vierfüssigen Thieren so auff der Erde und in Wassern wonend. Alles zu Nutz von allen liebhabern der künsten, Ärzeten, Maleren, Bildschnitzern, Weydleüten und Köchen gestelt. Erstlich durch den hochgeleerten D. Cünrat Geßner in Latin beschrieben, yetzunder aber durch D. Dünrat Fozer zü mererem Nutz aller mengklichem in das Teütsch gebracht und in Ordnung gezogen. Zürich, Christoffel Froschower [Christoph Froschauer]

Ludwig Glaser, Carl Klotz (1882) Aus dem Reiche des Lebens in Pflanzen- Thier- und Menschenwelt. Aus der Thierwelt I: Leben und Eigenthümlichkeiten in der mittleren und niederen Thierwelt im Reiche der Lurche und Fische, Insekten und übrigen wirbellosen Thiere. Leipzig und Berlin, Otto Spamer

Georg Grimpe (1928) Brehms Tierleben in Einem Band. Nach der neuesten (vierten) Auflage des Hauptwerkes frei bearbeitet. Leipzig, Bibliographisches Institut, hier Seite 131 (Silberfischchen) und 772 (Kamele)

Wilhelm Lackowitz (1907) Das Buch der Tierwelt. Schilderungen aus dem gesamten Tierleben in Lebensbildern und Charakterzeichnungen, sowie hochinteressante Jagdgeschichten und wilde Szenen in allen Zonen. 71. verbesserte und vermehrte Auflage. Berlin, Herlet

Philipp Müller (1773–1776) Systema naturae. Animale Regnum. Des Ritters Carl von Linné Königlich Schwedischen Leibarztes etc. vollständiges Natursystem nach der zwölften lateinischen Ausgabe. Nürnberg, Raspe

Otto Thomé (1880) Lehrbuch der Zoologie für Realschulen, Gymnasien, forst= und landwirthschaftliche Lehranstalten, pharmaceutische Institute sowie zum Selbstunterrichte. Vierte, verbesserte Auflage, Braunschweig, Friedrich Vieweg und Sohn

Vampirfledermäuse

Gerald Carter, Damien Farine, Rachel Crisp, Julia Vrtilek, Simon Ripperger, Rachel Page (2020) Development of new food-sharing relationships in vampire bats. Current Biology 30:1–5, doi 10.1016/j.cub.2020.01.055

Bernal Rodríguez Herrera, Rodrigo Medellín, Melquisedec Gamba-Ríos (2006) Tent building by female *Ectophylla alba* (Chiroptera: Phyllostomidae) in Costa Rica. Acta Chiropterologica 8:557–560, doi 10.3161/1733-5329(2006)8[557:TBBFEA]2.0.CO;2

Fernanda Ito, Enrico Bernard, Rodrigo Torres (2016) What is for dinner? First report of human blood in the diet of the hairy-legged vampire bat *Diphylla ecaudata*. Acta Chiropterologica 18:509–515, doi 10.3161/150811 09ACC2016.18.2.017

Åsa Tellgren-Roth, Katharina Dittmar, Steven Massey, Cecilia Kemi, Christian Tellgren-Roth, Peter Savolainen, Leslie Lyons, David Liberles (2009) Keeping the blood flowing – plasminogen activator genes and feeding behavior in vampire bats. Naturwissenschaften 96:39–47, doi 10.1007/s00114-008-0446-0

AP (2005) Whale-dolphin hybrid has baby wholphin. Calf jumbo-sized compared to purebred dolphins. 15. April 2005, unter anderem in NBC News, http://nbcnews.com/id/7508288#.XisBWy2ZPUo

Mark Benecke (1995) Einfache Darstellung des Nervensytems und weiterer Strukturen junger Blutegel. Mikrokosmos 84:311–313 [Nervenbahnen von Blutegeln]

Sean Carroll (2010) Hybrids may thrive where parents fear to tread. New York Times, 14. Sept. 2010, Section D, page 2, online als: Remarkable creature: Hybrids may thrive where parents fear to tread, 13. Sept. 2010, https://nytimes.com/2010/09/14/science/14creatures.html

August Grube (1862) Das Dromedar. In: Biographien aus der Naturkunde in ästhetischer Form und religiösem Sinne. Zweite Reihe, dritte, sorgfältig durchgesehene und verbesserte Auflage. Stuttgart, Johann Steinkopf; hier Seiten 71–82

Mateja Hajdinjak, Qiaomei Fu, Alexander Hübner, Martin Petr, Fabrizio Mafessoni, Steffi Grote, Pontus Skoglund, Vagheesh Narasimham, Hélène Rougier, Isabelle Crevecoeur, Patrick Semal, Marie Soressi, Sahra Talamo, Jean-Jacques Hublin, Ivan Gušić, Željko Kućan, Pavao Rudan, Liubov Golovanova, Vladimir Doronichev, Cosimo Posth, Johannes Krause, Petra Korlević, Sarah Nagel, Birgit Nickel, Montgomery Slatkin, Nick Patterson, David Reich, Kay Prüfer, Matthias Meyer, Svante Pääbo (2018) Reconstructing the genetic history of late Neanderthals. Nature 555:652–656, doi 10.1038/nature26151

Konrad Lorenz (1940) Durch Domestikation verursachte Störungen arteigenen Verhaltens. Zeitschrift für angewandte Psychologie und Charakterkunde 59:2–81 [Mit großem Dank an Dr. Rainer Funk, Nachlass- und Rechteverwalter von Erich Fromm]

Konrad Lorenz (1950) So kam der Mensch auf den Hund. Wien, Borotha-Schoeler

Marie Pelé, Alexandre Bonnefoy, Masaki Shimada, Cédric Sueur (2017) Interspecies sexual behaviour between a male Japanese macaque and female sika deer. Primates 58:1–4, doi: 10.1007/s10329-016-0593-4 [Epub 10. Jan. 2017]

Erik Zimen (1971) Wölfe und Königspudel: Vergleichende Verhaltensbeobachtungen. Ethologische Studien. München, Piper, ISBN 978-3-492-01921-7

Erik Zimen (1992) Der Hund: Abstammung – Verhalten – Mensch und Hund. München, Goldmann, ISBN 978-3-442-12397-1

Ludwig Zukowsky (1938) Der Wolf. In: Aus Wald und Flur. Tiere unserer Heimat. Cigaretten-Bilderdienst Hamburg-Bahrenfeld. Leipzig, Brockhaus, S. 49–50

Personen- und Sachregister

M

N

S

T

Mark Benecke kennen alle. Er ist ein international hoch renommierter Kriminalbiologe und sowohl aus dem Fernsehen und Radio als auch als Autor vieler Bücher bekannt. Zuletzt erschien von ihm *Mein Leben nach dem Tod* (2019). Mark Benecke würde niemals ein Tier essen, weil Mensch Freunde nicht isst.

benecke.com
markypod.com
instagram.com/markito_benecke

Kat Menschik ist freie Illustratorin. Sie gibt dem Feuilleton der FAS die optische Prägung, zahlreiche ihrer Bücher bekamen Auszeichnungen als *Schönstes Buch des Jahres*. Seit 2016 gestaltet sie bei Galiani ihre eigene Buchreihe: *Lieblingsbücher*, zu der der vorliegende Band gehört. Wenn Kat Menschik nicht gerade Tiere zeichnet, sitzt sie gerne in ihrem Garten und zählt Insekten.

katmenschik.de

Kat Menschik

Über das Buch

Er ist Mitglied des Ig-Nobelpreis-Komitees für kuriose Wissenschaften, Vorsitzender der Transsilvanischen Dracula-Gesellschaft und der bekannteste Kriminalbiologe der Welt: Dr. Mark Benecke! Und er liebt Tiere aller Art, Insekten vielleicht ein kleines bisschen mehr. Denn wenn er Spuren sammelt, um bei der Aufklärung eines undurchsichtigen Todesfalls zu helfen, kann er sich keinen besseren Mitarbeiter vorstellen als den rotbeinigen Schinkenkäfer. Die Markusfliege ist sogar sein Patenkind. Und was pflegeleichte Haustiere betrifft, steht die Fauchschabe bei ihm ziemlich weit oben.

Tiere, daran hegt Mark Benecke keinen Zweifel, befinden sich auf Augenhöhe mit dem Menschen. Und sie haben viele beeindruckende, sympathische und amüsante Eigenschaften.
Seit Jahren lenkt er daher in seinem Wissenschafts-Podcast auf *radioeins* neben vielen anderen Themen die Aufmerksamkeit auf die Einzigartigkeit tierischer Wesen. Man betrachte beispielsweise den Oktopus: Außergewöhnlich klug, hat er es gerne eher entspannt und macht oft Quatsch. Oder die Biene, die nicht nur eine gute Fliegerin, sondern auch eine ganz passable Surferin ist! Oder den Buntbarsch, der depressiv wird, wenn man ihn mit der falschen Partnerin verkuppelt.

Kat Menschik sitzt gerne vor dem Radio und hört sich die Benecke'schen Tierbetrachtungen an, in denen neueste Forschung und altes Wissen zusammenfließen. Kein Wunder, dass sie sich eines Tages in den Kopf setzte, unbedingt ein Buch mit ihm zu machen. Herausgekommen ist dabei das schönste, schillerndste und überraschendste Tierbuch aller Zeiten. Ob Silberfischchen im Badezimmer, feenhafte Glühwürmer, geschmähte Möpse, solidarische Stare oder morbide Enten – nach der Lektüre sieht man nicht nur seine tierische Umwelt mit anderen Augen!

Bisher in der Reihe der
Lieblingsbücher
erschienen:
FRANZ KAFKA
EIN LANDARZT
ILLUSTRIERT VON KAT MENSCHIK
E.T.A. HOFFMANN
DIE BERGWERKE ZU FALUN
ILLUSTRIERT VON KAT MENSCHIK
WILLIAM SHAKESPEARE
ILLUSTRIERT VON KAT MENSCHIK
ROMEO und Julia
EDGAR ALLAN POE
UNHEIMLICHE GESCHICHTEN
AUSGEWÄHLT VON FJODOR DOSTOJEWSKI
ILLUSTRIERT VON KAT MENSCHIK
KAT MENSCHIK
ESSEN essen
(mehr ist mehr!)
VOLKER KUTSCHER
MOABIT
ILLUSTRIERT VON KAT MENSCHIK
die PUPPE im GRASE
NORWEGISCHE MÄRCHEN
ILLUSTRIERT VON KAT MENSCHIK
ALEXANDER PUSCHKIN
PIQUE DAME
ILLUSTRIERT VON KAT MENSCHIK
Galiani Berlin

Aus Verantwortung für die Umwelt hat sich der *Verlag Galiani Berlin* zu einer nachhaltigen Buchproduktion verpflichtet. Der bewusste Umgang mit unseren Ressourcen, der Schutz unseres Klimas und der Natur gehören zu unseren obersten Unternehmenszielen.

Gemeinsam mit unseren Partnern und Lieferanten setzen wir uns für eine klimaneutrale Buchproduktion ein, die den Erwerb von Klimazertifikaten zur Kompensation des CO_2-Ausstoßes einschließt.

Weitere Informationen finden Sie unter:
www.klimaneutralerverlag.de

FSC
www.fsc.org
MIX
Papier aus verantwortungsvollen Quellen
FSC® C013736

Verlag Kiepenheuer & Witsch,
FSC® N001512

5. Auflage 2021

Verlag Galiani Berlin

Illustrationen und Umschlaggestaltung Kat Menschik
Lektorat Esther Kormann
Gesetzt aus der Eskorte
Satz Buch-Werkstatt GmbH, Bad Aibling
Druck und Bindung Kösel GmbH & Co. KG, Krugzell
ISBN 978-3-86971-201-7

Weitere Informationen zu unserem Programm finden Sie unter *www.galiani.de*